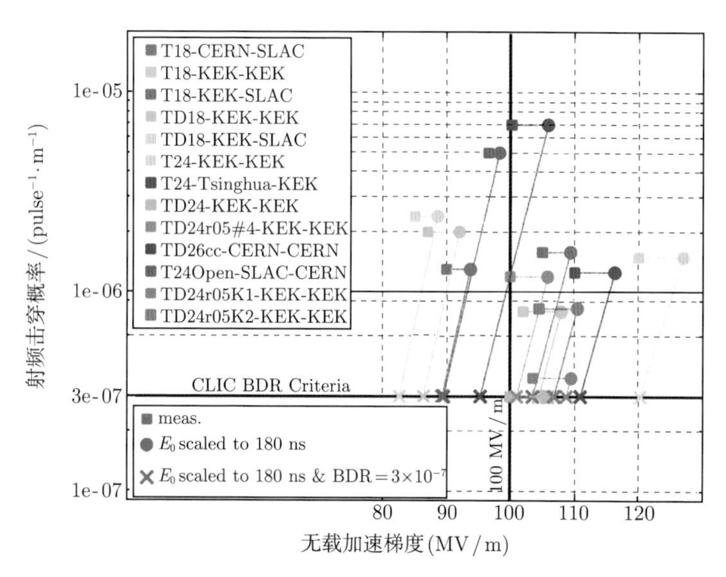

图 1.6　不同 CLIC 原型腔的高梯度实验结果汇总

不同颜色的点代表不同的 CLIC 原型腔，正方形的点代表原始数据，圆形的点代表利用式 (1-3) 将原始数据缩放到 180 ns 脉宽后的情况，叉形的点代表利用式 (1-4) 将原始数据缩放到 180 ns 脉宽和 3×10^{-7} pulse^{-1}·m^{-1} 射频击穿概率后的情况

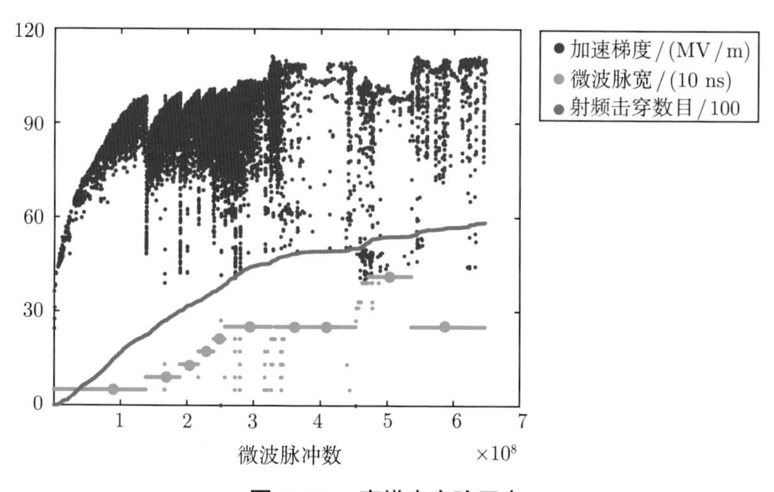

图 2.11　高梯度实验历史

蓝点表示无载加速梯度 E_{acc} (MV/m)，绿点表示微波脉冲宽度 (ns) 除以 10，红点代表射频击穿数量除以 100

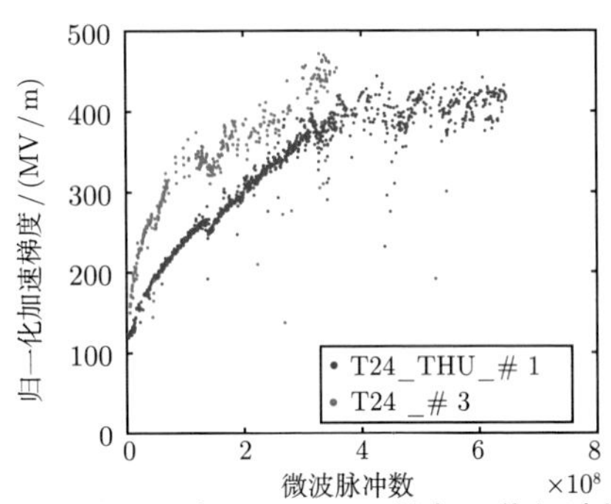

图 2.19　T24_THU_#1 与 T24_#3 的归一化加速梯度和微波脉冲数关系的比较

蓝色为 T24_THU_#1，红色为 T24_#3

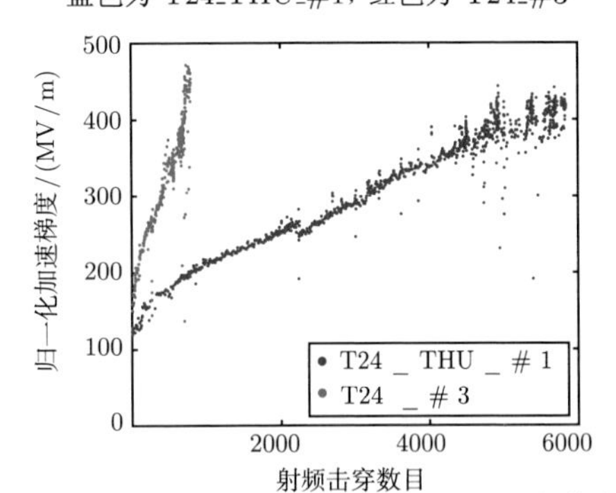

图 2.20　T24_THU_#1 与 T24_#3 的归一化加速梯度和射频击穿数量关系的比较

蓝色为 T24_THU_#1，红色为 T24_#3

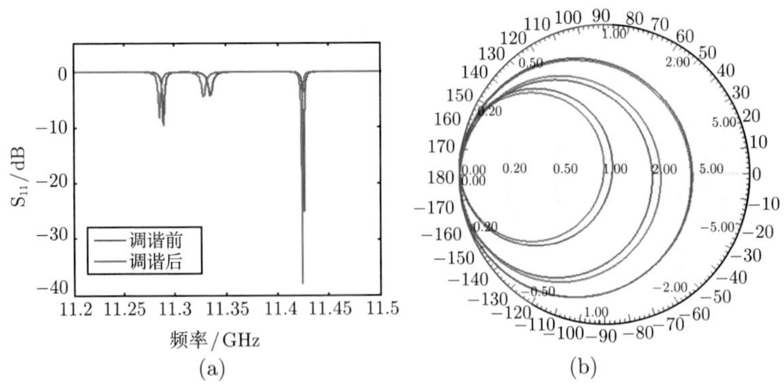

图 3.8　优化首腔和尾腔参数的结果

蓝色为调谐前的结果，红色为调谐后的结果

(a) 反射系数 S_{11}；(b) 史密斯圆图结果

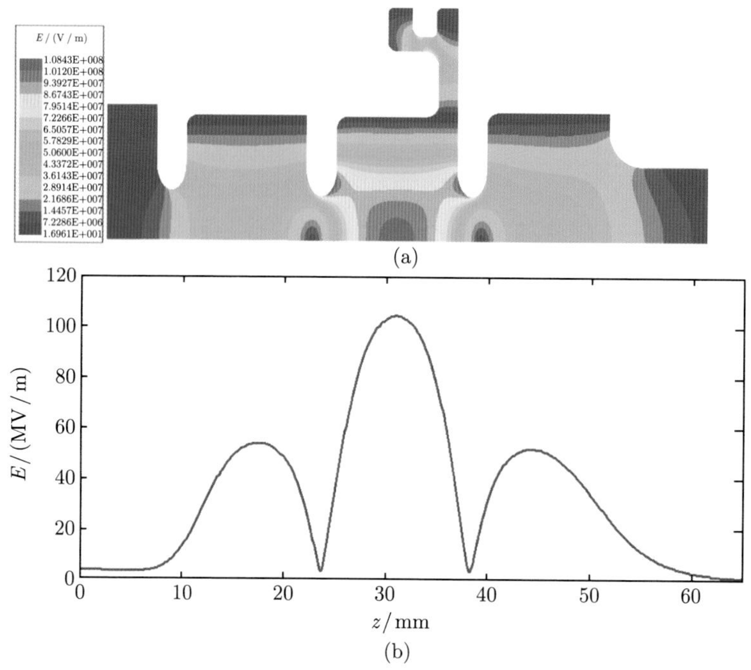

图 3.9　THU-CHK-D1.26-G1.68 在 1 MW 输入功率下的电场分布

(a) 横截面的电场分布；(b) 轴线上的电场分布

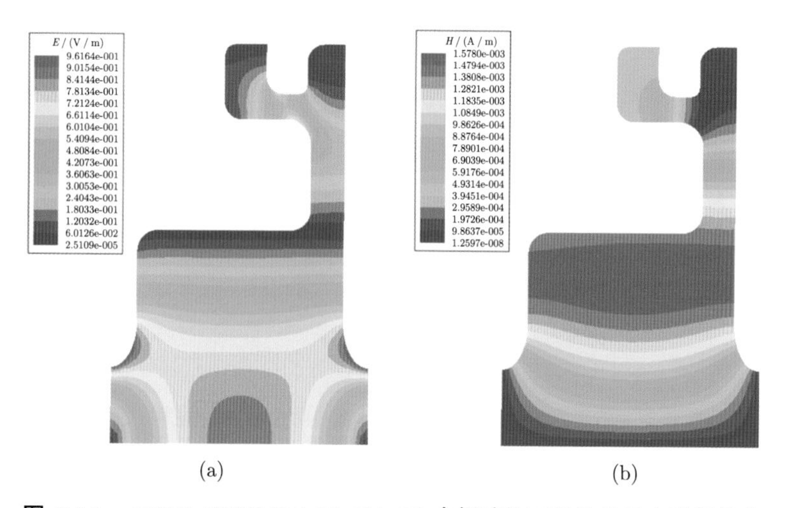

图 3.11　THU-CHK-D1.26-G1.68 中间腔的二维结构及电磁场分布

(a) 电场分布；(b) 磁场分布

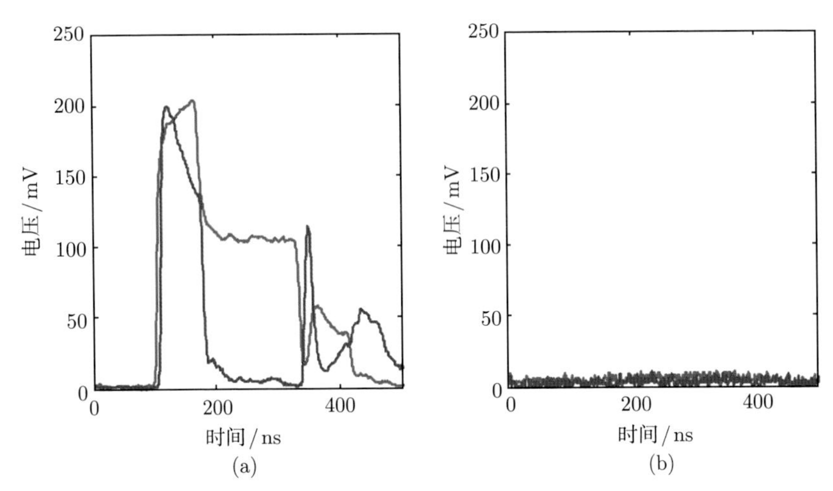

图 4.3　单腔加速结构 350 ns 脉宽（两个阶梯脉宽和）下的正常脉冲信号

(a) 定向耦合器收集到的信号，红色曲线为入射微波信号，蓝色曲线为反射微波信号；(b) 法拉第筒收集到的信号，红色曲线为功率馈入端法拉第筒信号，蓝色曲线为功率截止端法拉第筒信号

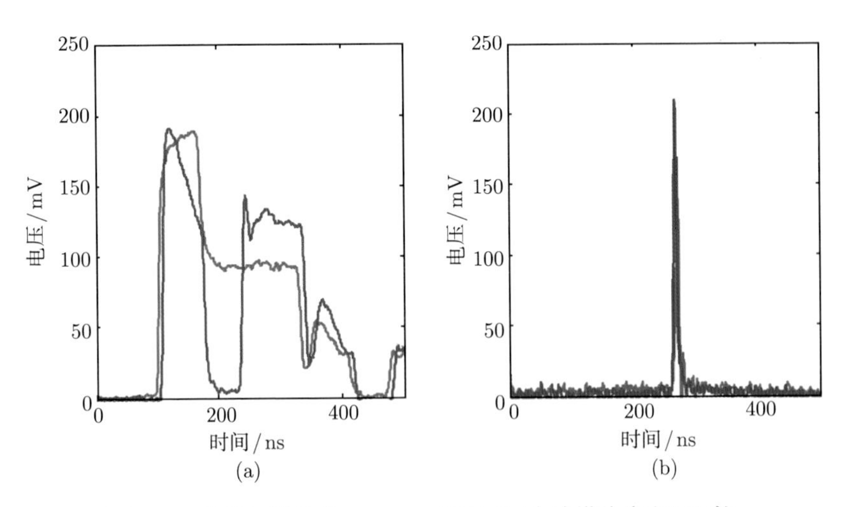

图 4.4　单腔加速结构 350 ns 脉宽（两个阶梯脉宽和）下的典型射频击穿脉冲信号

(a) 定向耦合器收集到的信号，红色曲线为入射微波信号，蓝色曲线为反射微波信号；(b) 法拉第筒收集到的信号，红色曲线为功率馈入端法拉第筒信号，蓝色曲线为功率截止端法拉第筒信号

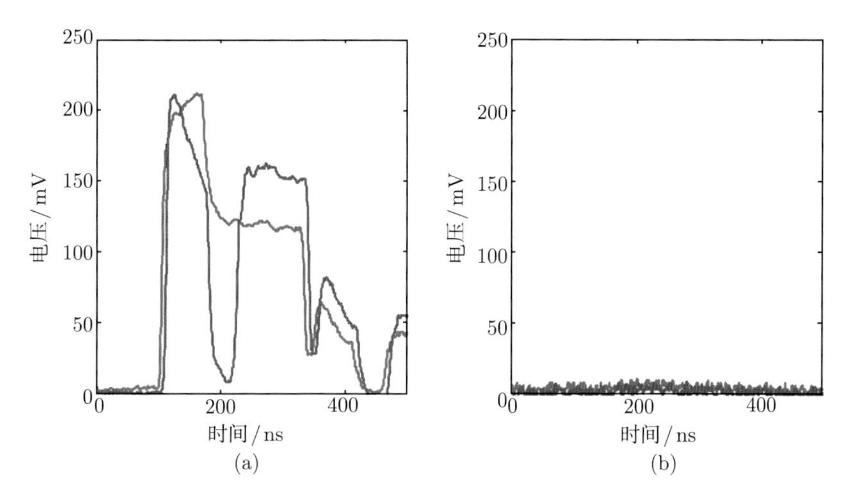

图 4.5　单腔加速结构 350 ns 脉宽（两个阶梯脉宽和）下无场致发射电流激增的射频击穿脉冲信号

(a) 定向耦合器收集到的信号，红色曲线为入射微波信号，蓝色曲线为反射微波信号；(b) 法拉第筒收集到的信号，红色曲线为功率馈入端法拉第筒信号，蓝色曲线为功率截止端法拉第筒信号

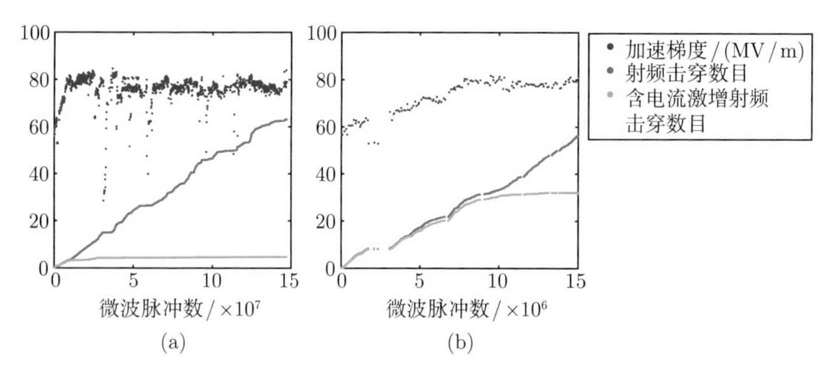

图 4.6　THU-CHK-D1.26-G1.68 两种类型射频击穿事件和微波脉冲数关系

(a) 蓝点为加速梯度，红点为射频击穿数目除以 100，青色的点为含有电流激增的射频击穿数目除以 100；(b) 前 1.5×10^7 个微波脉冲的情况，蓝点为加速梯度，红点为射频击穿数目除以 10，绿色的点为含有电流激增的射频击穿数目除以 10

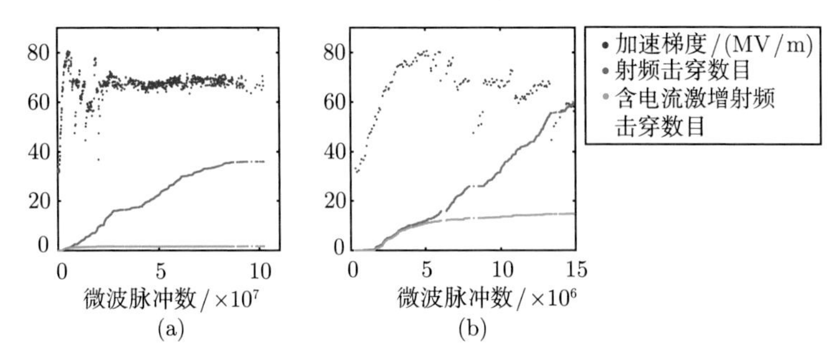

图 4.7 THU-CHK-D1.26-G2.1 两种类型射频击穿事件和微波脉冲数关系

(a) 蓝点为加速梯度，红点为射频击穿数目除以 100，绿色的点为含有电流激增的射频击穿数目除以 100；(b) 前 1.5×10^7 个微波脉冲的情况，蓝点为加速梯度，红点为射频击穿数目除以 10，青色点为含有电流激增的射频击穿数目除以 10

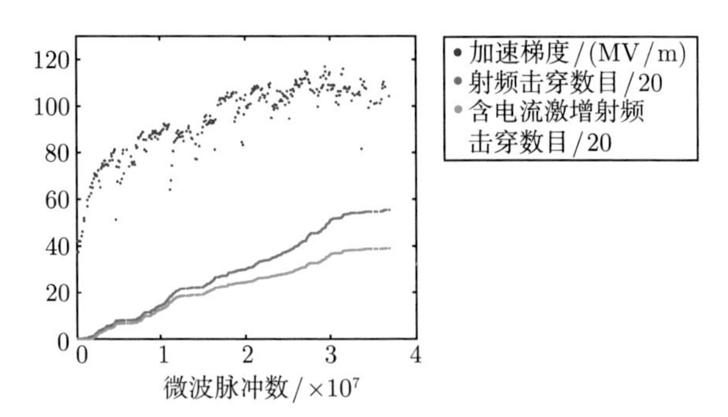

图 4.8 THU-CHK-D1.89-G2.1 两种类型射频击穿事件和微波脉冲数关系

蓝点为加速梯度，红点为射频击穿数目除以 20，绿色的点为含有电流激增的射频击穿数目除以 20

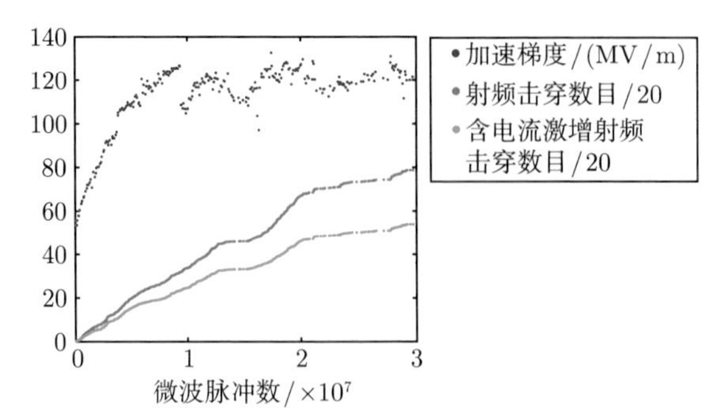

图 4.9 THU-CHK-D2.21-G2.1 两种类型射频击穿事件和微波脉冲数关系

蓝点为加速梯度，红点为射频击穿数目除以 20，绿色的点为含有电流激增的射频击穿数目除以 20

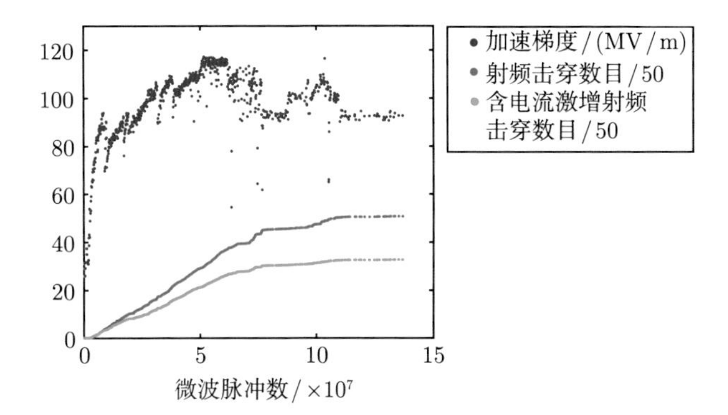

图 4.10　THU-CHK-D1.88-G2.5 两种类型射频击穿事件和微波脉冲数关系

蓝点为加速梯度，红点为射频击穿数目除以 50，绿色的点为
含有电流激增的射频击穿数目除以 50

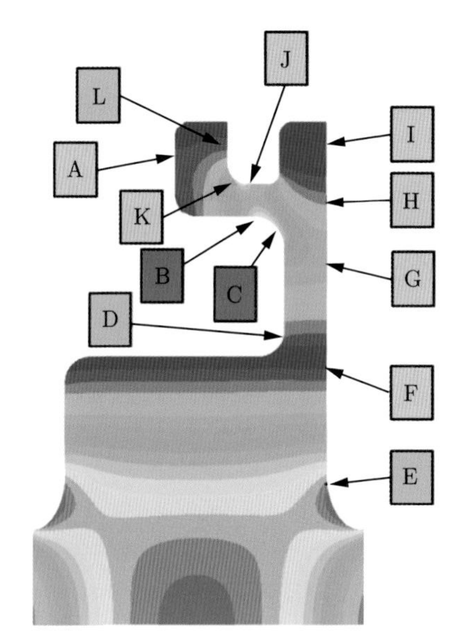

图 4.14　THU-CHK-D1.26-G1.68 内表面形态观察点

按逆时针方向选择了 12 个观察点，图中背景为电场分布

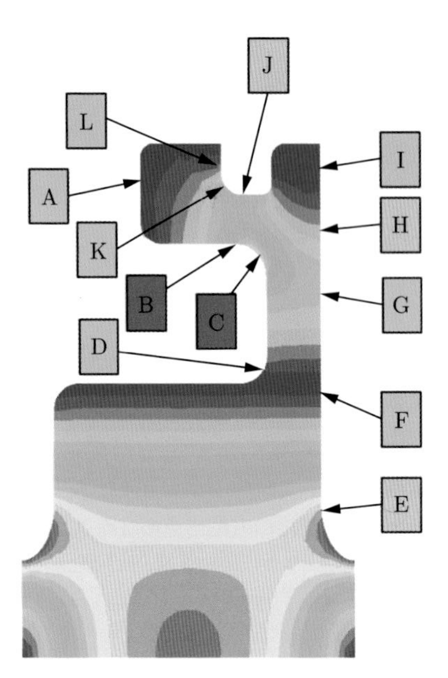

图 4.19　THU-CHK-D1.89-G2.1 内表面形态观察点

按逆时针方向选择了 12 个观察点，图中背景为电场分布

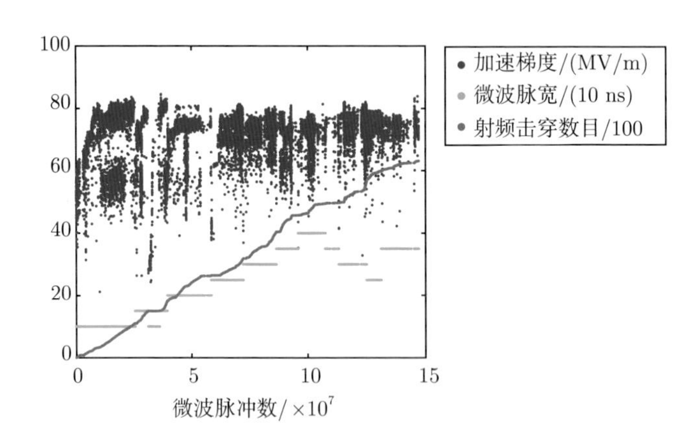

图 5.1　THU-CHK-D1.26-G1.68 的高梯度实验历史

蓝点表示无载加速梯度 E_{acc} (MV/m)，绿点表示微波脉冲宽度 (ns) 除以 10，红点代表射频击穿数目除以 100，其中脉冲宽度指阶梯形脉冲两个阶梯的脉宽总和

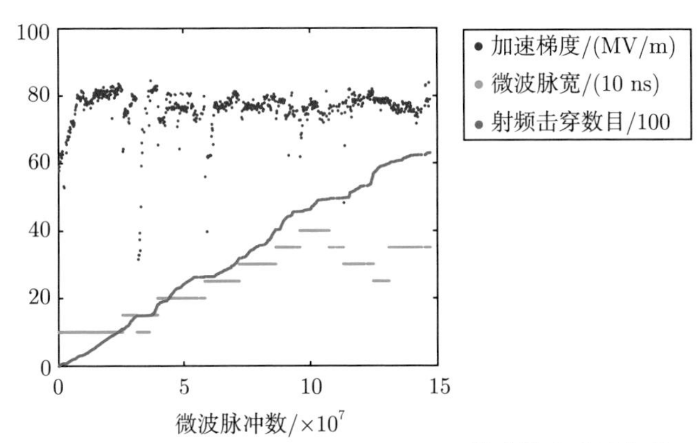

图 5.2　THU-CHK-D1.26-G1.68 的高梯度实验包络

蓝点表示无载加速梯度 E_{acc} (MV/m)，绿点表示微波脉冲宽度 (ns) 除以 10，红点代表射频击穿数目除以 100，其中脉冲宽度指阶梯形脉冲两个阶梯的脉宽总和

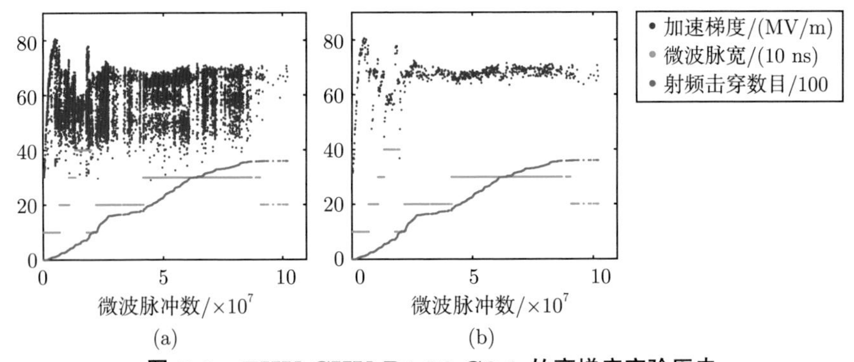

图 5.3　THU-CHK-D1.26-G2.1 的高梯度实验历史

(a) 原始数据；(b) 高梯度实验包络图

蓝点表示无载加速梯度 E_{acc} (MV/m)，绿点表示微波脉冲宽度 (ns) 除以 10，红点代表射频击穿数目除以 100

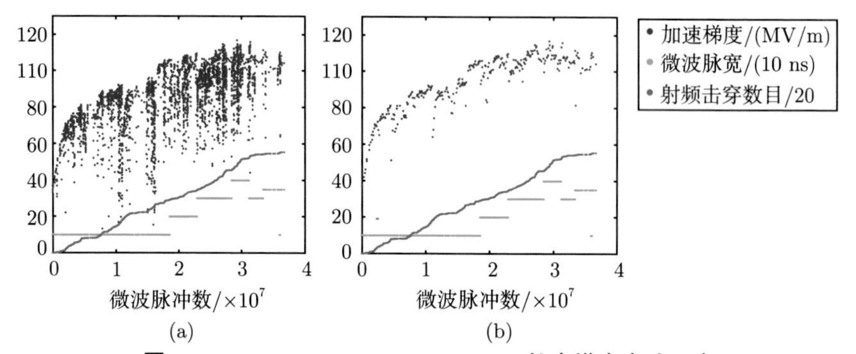

图 5.4　THU-CHK-D1.89-G2.1 的高梯度实验历史

(a) 原始数据；(b) 高梯度实验包络图

蓝点表示无载加速梯度 E_{acc}(MV/m)，绿点表示微波脉冲宽度 (ns) 除以 10，红点代表射频击穿数目除以 20

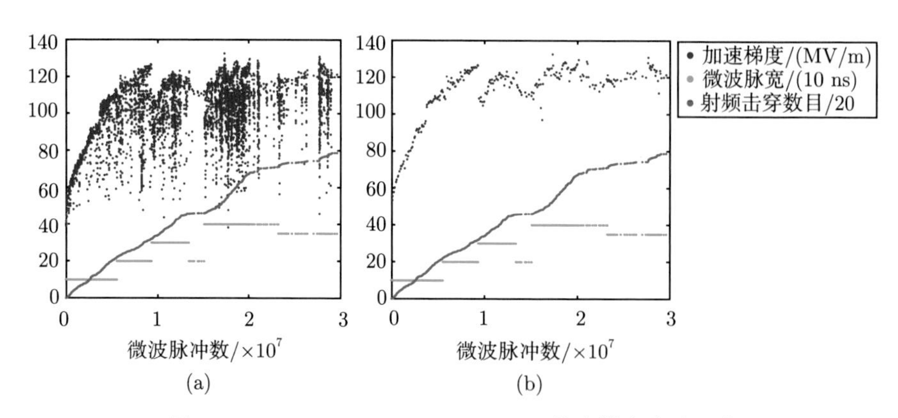

图 5.5　THU-CHK-D2.21-G2.1 的高梯度实验历史

(a) 原始数据；(b) 高梯度实验包络图

蓝点表示无载加速梯度 E_{acc} (MV/m)，绿点表示微波脉冲宽度 (ns) 除以 10，红点代表射频击穿数目除以 20

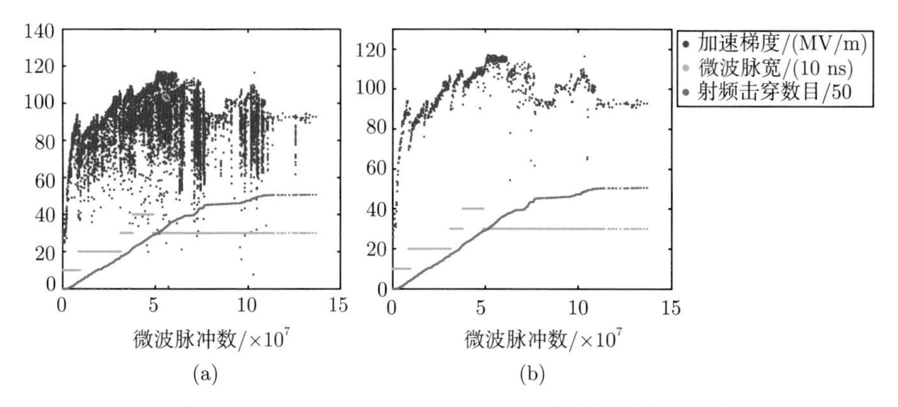

图 5.6　THU-CHK-D1.88-G2.5 的高梯度实验历史

(a) 原始数据；(b) 高梯度实验包络图

蓝点表示无载加速梯度 E_{acc} (MV/m)，绿点表示微波脉冲宽度 (ns) 除以 10，

红点代表射频击穿数目除以 50

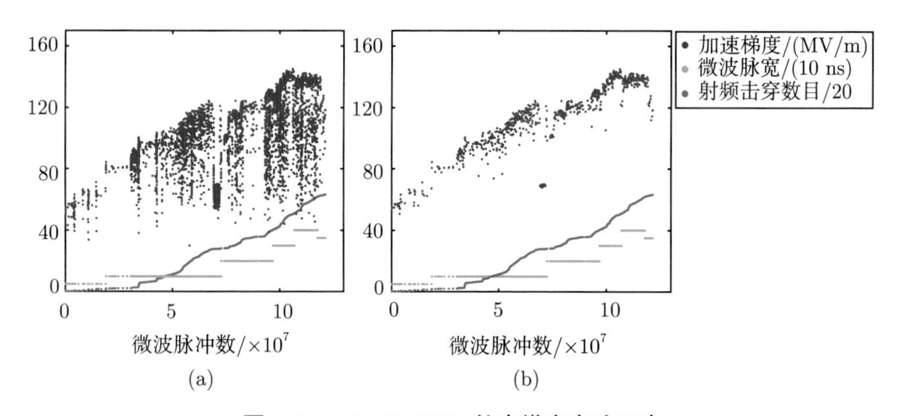

图 5.7　THU-REF 的高梯度实验历史

(a) 原始数据；(b) 高梯度实验包络图

蓝点表示无载加速梯度 E_{acc} (MV/m)，绿点表示微波脉冲宽度 (ns) 除以 10，

红点代表射频击穿数目除以 20

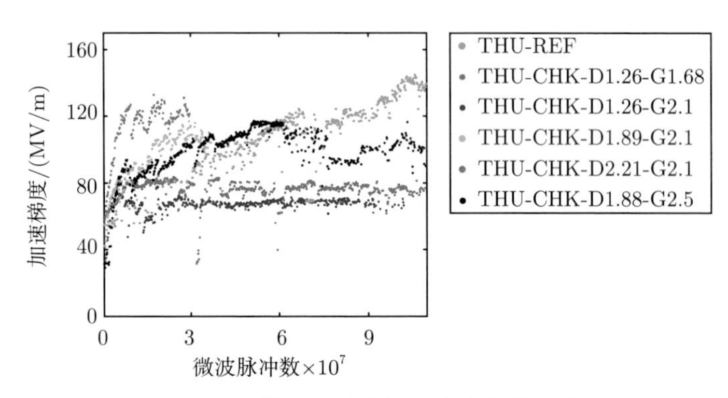

图 5.8 单腔加速结构的实验结果汇总

绿色为 THU-REF，红色为 THU-CHK-D1.26-G1.68，深蓝色为 THU-CHK-D1.26-G2.1，浅蓝色为 THU-CHK-D1.89-G2.1，粉色为 THU-CHK-D2.21-G2.1，黑色为 THU-CHK-D1.88-G2.5

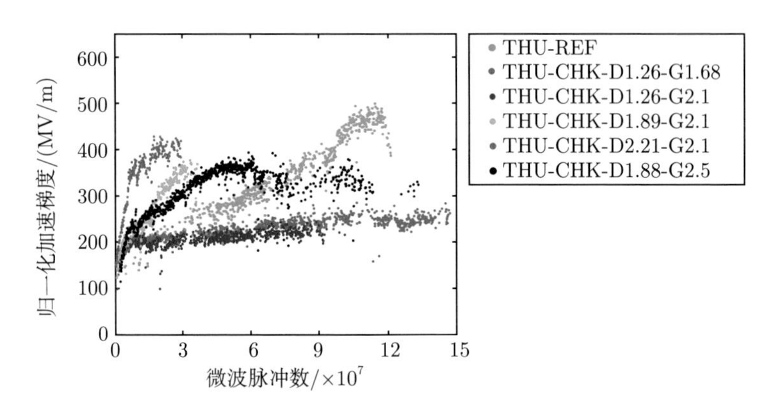

图 5.9 所有单腔加速结构的归一化加速梯度和微波脉冲数的比较

绿色为 THU-REF，红色为 THU-CHK-D1.26-G1.68，深蓝色为 THU-CHK-D1.26-G2.1，浅蓝色为 THU-CHK-D1.89-G2.1，粉色为 THU-CHK-D2.21-G2.1，黑色为 THU-CHK-D1.88-G2.5

清华大学优秀博士学位论文丛书

X波段高梯度Choke-mode加速结构的设计与实验研究

吴晓伟（Wu Xiaowei）著

Design and Experiment of X-band High-gradient Choke-mode Accelerating Structure

清华大学出版社
北 京

内 容 简 介

X 波段高梯度加速技术是常温加速结构的研究热点，在正负电子对撞机、自由电子激光和紧凑型医疗装置中有着广泛的应用前景。Choke-mode 加速结构是一种可以抑制高阶模式的强阻尼结构，具有加工简单、表面磁场低等优点。本书设计并制作了 X 波段 Choke-mode 加速结构，并开展高梯度实验，对 choke 中的射频击穿现象进行了深入研究，包括比较不同尺寸 choke 的高梯度实验结果、评估 Choke-mode 加速结构高梯度性能的参量、为将来设计高梯度 Choke-mode 行波加速结构提供依据等。

本书可供高校和科研院所核科学与技术等专业的师生以及相关领域的技术人员阅读参考。

图书在版编目（CIP）数据

X 波段高梯度 Choke-mode 加速结构的设计与实验研究/吴晓伟著.—北京：清华大学出版社，2021.9

（清华大学优秀博士学位论文丛书）

ISBN 978-7-302-56315-0

Ⅰ. ①X…　Ⅱ. ①吴…　Ⅲ. ①高能加速器-加速度试验-研究　Ⅳ. ①TJ760.6

中国版本图书馆 CIP 数据核字(2020)第 156671 号

责任编辑： 王　倩
封面设计： 傅瑞学
责任校对： 王淑云
责任印制： 宋　林

出版发行： 清华大学出版社
网　　址： http://www.tup.com.cn，http://www.wqbook.com
地　　址： 北京清华大学学研大厦 A 座　　**邮　　编：** 100084
社 总 机： 010-62770175　　**邮　　购：** 010-62786544
投稿与读者服务： 010-62776969，c-service@tup.tsinghua.edu.cn
质量反馈： 010-62772015，zhiliang@tup.tsinghua.edu.cn
印 装 者： 三河市铭诚印务有限公司
经　　销： 全国新华书店
开　　本： 155mm×235mm　**印　张：** 9　**插　　页：** 6　**字　　数：** 150 千字
版　　次： 2021 年 10 月第 1 版　**印　　次：** 2021 年 10 月第 1 次印刷
定　　价： 69.00 元

产品编号：088844-01

一流博士生教育
体现一流大学人才培养的高度（代丛书序）[①]

人才培养是大学的根本任务。只有培养出一流人才的高校，才能够成为世界一流大学。本科教育是培养一流人才最重要的基础，是一流大学的底色，体现了学校的传统和特色。博士生教育是学历教育的最高层次，体现出一所大学人才培养的高度，代表着一个国家的人才培养水平。清华大学正在全面推进综合改革，深化教育教学改革，探索建立完善的博士生选拔培养机制，不断提升博士生培养质量。

学术精神的培养是博士生教育的根本

学术精神是大学精神的重要组成部分，是学者与学术群体在学术活动中坚守的价值准则。大学对学术精神的追求，反映了一所大学对学术的重视、对真理的热爱和对功利性目标的摒弃。博士生教育要培养有志于追求学术的人，其根本在于学术精神的培养。

无论古今中外，博士这一称号都和学问、学术紧密联系在一起，和知识探索密切相关。我国的博士一词起源于 2000 多年前的战国时期，是一种学官名。博士任职者负责保管文献档案、编撰著述，须知识渊博并负有传授学问的职责。东汉学者应劭在《汉官仪》中写道:“博者，通博古今；士者，辩于然否。”后来，人们逐渐把精通某种职业的专门人才称为博士。博士作为一种学位，最早产生于 12 世纪，最初它是加入教师行会的一种资格证书。19 世纪初，德国柏林大学成立，其哲学院取代了以往神学院在大学中的地位，在大学发展的历史上首次产生了由哲学院授予的哲学博士学位，并赋予了哲学博士深层次的教育内涵，即推崇学术自由、创造新知识。哲学博士的设立标志着现代博士生教育的开端，博士则被定义为独立从事

① 本文首发于《光明日报》，2017 年 12 月 5 日。

学术研究、具备创造新知识能力的人，是学术精神的传承者和光大者。

博士生学习期间是培养学术精神最重要的阶段。博士生需要接受严谨的学术训练，开展深入的学术研究，并通过发表学术论文、参与学术活动及博士论文答辩等环节，证明自身的学术能力。更重要的是，博士生要培养学术志趣，把对学术的热爱融入生命之中，把捍卫真理作为毕生的追求。博士生更要学会如何面对干扰和诱惑，远离功利，保持安静、从容的心态。学术精神，特别是其中所蕴含的科学理性精神、学术奉献精神，不仅对博士生未来的学术事业至关重要，对博士生一生的发展都大有裨益。

独创性和批判性思维是博士生最重要的素质

博士生需要具备很多素质，包括逻辑推理、言语表达、沟通协作等，但是最重要的素质是独创性和批判性思维。

学术重视传承，但更看重突破和创新。博士生作为学术事业的后备力量，要立志于追求独创性。独创意味着独立和创造，没有独立精神，往往很难产生创造性的成果。1929 年 6 月 3 日，在清华大学国学院导师王国维逝世二周年之际，国学院师生为纪念这位杰出的学者，募款修造“海宁王静安先生纪念碑”，同为国学院导师的陈寅恪先生撰写了碑铭，其中写道:“先生之著述，或有时而不章；先生之学说，或有时而可商；惟此独立之精神，自由之思想，历千万祀，与天壤而同久，共三光而永光。”这是对于一位学者的极高评价。中国著名的史学家、文学家司马迁所讲的“究天人之际，通古今之变，成一家之言”也是强调要在古今贯通中形成自己独立的见解，并努力达到新的高度。博士生应该以“独立之精神、自由之思想”来要求自己，不断创造新的学术成果。

诺贝尔物理学奖获得者杨振宁先生曾在 20 世纪 80 年代初对到访纽约州立大学石溪分校的 90 多名中国学生、学者提出:“独创性是科学工作者最重要的素质。”杨先生主张做研究的人一定要有独创的精神、独到的见解和独立研究的能力。在科技如此发达的今天，学术上的独创性变得越来越难，也愈加珍贵和重要。博士生要树立敢为天下先的志向，在独创性上下功夫，勇于挑战最前沿的科学问题。

批判性思维是一种遵循逻辑规则、不断质疑和反省的思维方式，具有批判性思维的人勇于挑战自己，敢于挑战权威。批判性思维的缺乏往往被认为是中国学生特有的弱项，也是我们在博士生培养方面存在的一个普遍问题。2001 年，美国卡内基基金会开展了一项“卡内基博士生教育创新计划”，针对博士生教育进行调研，并发布了研究报告。该报告指出：在美国和欧洲，培养学生保持批判而质疑的眼光看待自己、同行和导师的观点同样非常不容易，批判性思维的培养必须成为博士生培养项目的组成部分。

对于博士生而言，批判性思维的养成要从如何面对权威开始。为了鼓励学生质疑学术权威、挑战现有学术范式，培养学生的挑战精神和创新能力，清华大学在 2013 年发起“巅峰对话”，由学生自主邀请各学科领域具有国际影响力的学术大师与清华学生同台对话。该活动迄今已经举办了 21 期，先后邀请 17 位诺贝尔奖、3 位图灵奖、1 位菲尔兹奖获得者参与对话。诺贝尔化学奖得主巴里 · 夏普莱斯 (Barry Sharpless) 在 2013 年 11 月来清华参加“巅峰对话”时，对于清华学生的质疑精神印象深刻。他在接受媒体采访时谈道:“清华的学生无所畏惧，请原谅我的措辞，但他们真的很有胆量。”这是我听到的对清华学生的最高评价，博士生就应该具备这样的勇气和能力。培养批判性思维更难的一层是要有勇气不断否定自己，有一种不断超越自己的精神。爱因斯坦说:“在真理的认识方面，任何以权威自居的人，必将在上帝的嬉笑中垮台。”这句名言应该成为每一位从事学术研究的博士生的箴言。

提高博士生培养质量有赖于构建全方位的博士生教育体系

一流的博士生教育要有一流的教育理念，需要构建全方位的教育体系，把教育理念落实到博士生培养的各个环节中。

在博士生选拔方面，不能简单按考分录取，而是要侧重评价学术志趣和创新潜力。知识结构固然重要，但学术志趣和创新潜力更关键，考分不能完全反映学生的学术潜质。清华大学在经过多年试点探索的基础上，于 2016 年开始全面实行博士生招生“申请-审核”制，从原来的按照考试分数招收博士生，转变为按科研创新能力、专业学术潜质招收，并给予院系、学科、导师更大的自主权。《清华大学“申请-审核”制实施办法》明晰了导师和院系在考核、遴选和推荐上的权力和职责，同时确定了规范的流程及监管要求。

在博士生指导教师资格确认方面，不能论资排辈，要更看重教师的学术活力及研究工作的前沿性。博士生教育质量的提升关键在于教师，要让更多、更优秀的教师参与到博士生教育中来。清华大学从 2009 年开始探索将博士生导师评定权下放到各学位评定分委员会，允许评聘一部分优秀副教授担任博士生导师。近年来，学校在推进教师人事制度改革过程中，明确教研系列助理教授可以独立指导博士生，让富有创造活力的青年教师指导优秀的青年学生，师生相互促进、共同成长。

在促进博士生交流方面，要努力突破学科领域的界限，注重搭建跨学科的平台。跨学科交流是激发博士生学术创造力的重要途径，博士生要努力提升在交叉学科领域开展科研工作的能力。清华大学于 2014 年创办了“微沙龙”平台，同学们可以通过微信平台随时发布学术话题，寻觅学术伙伴。3 年来，博士生参与和发起“微沙龙”12 000 多场，参与博士生达 38 000 多人次。“微沙龙”促进了不同学科学生之间的思想碰撞，激发了同学们的学术志趣。清华于 2002 年创办了博士生论坛，论坛由同学自己组织，师生共同参与。博士生论坛持续举办了 500 期，开展了 18 000 多场学术报告，切实起到了师生互动、教学相长、学科交融、促进交流的作用。学校积极资助博士生到世界一流大学开展交流与合作研究，超过 60% 的博士生有海外访学经历。清华于 2011 年设立了发展中国家博士生项目，鼓励学生到发展中国家亲身体验和调研，在全球化背景下研究发展中国家的各类问题。

在博士学位评定方面，权力要进一步下放，学术判断应该由各领域的学者来负责。院系二级学术单位应该在评定博士论文水平上拥有更多的权力，也应担负更多的责任。清华大学从 2015 年开始把学位论文的评审职责授权给各学位评定分委员会，学位论文质量和学位评审过程主要由各学位分委员会进行把关，校学位委员会负责学位管理整体工作，负责制度建设和争议事项处理。

全面提高人才培养能力是建设世界一流大学的核心。博士生培养质量的提升是大学办学质量提升的重要标志。我们要高度重视、充分发挥博士生教育的战略性、引领性作用，面向世界、勇于进取，树立自信、保持特色，不断推动一流大学的人才培养迈向新的高度。

邱勇

清华大学校长

2017 年 12 月 5 日

丛书序二

以学术型人才培养为主的博士生教育，肩负着培养具有国际竞争力的高层次学术创新人才的重任，是国家发展战略的重要组成部分，是清华大学人才培养的重中之重。

作为首批设立研究生院的高校，清华大学自 20 世纪 80 年代初开始，立足国家和社会需要，结合校内实际情况，不断推动博士生教育改革。为了提供适宜博士生成长的学术环境，我校一方面不断地营造浓厚的学术氛围，一方面大力推动培养模式创新探索。我校从多年前就已开始运行一系列博士生培养专项基金和特色项目，激励博士生潜心学术、锐意创新，拓宽博士生的国际视野，倡导跨学科研究与交流，不断提升博士生培养质量。

博士生是最具创造力的学术研究新生力量，思维活跃，求真求实。他们在导师的指导下进入本领域研究前沿，吸取本领域最新的研究成果，拓宽人类的认知边界，不断取得创新性成果。这套优秀博士学位论文丛书，不仅是我校博士生研究工作前沿成果的体现，也是我校博士生学术精神传承和光大的体现。

这套丛书的每一篇论文均来自学校新近每年评选的校级优秀博士学位论文。为了鼓励创新，激励优秀的博士生脱颖而出，同时激励导师悉心指导，我校评选校级优秀博士学位论文已有 20 多年。评选出的优秀博士学位论文代表了我校各学科最优秀的博士学位论文的水平。为了传播优秀的博士学位论文成果，更好地推动学术交流与学科建设，促进博士生未来发展和成长，清华大学研究生院与清华大学出版社合作出版这些优秀的博士学位论文。

感谢清华大学出版社，悉心地为每位作者提供专业、细致的写作和出版指导，使这些博士论文以专著方式呈现在读者面前，促进了这些最新的优秀研究成果的快速广泛传播。相信本套丛书的出版可以为国内外各相关领域或交叉领域的在读研究生和科研人员提供有益的参考，为相关学科领域的发展和优秀科研成果的转化起到积极的推动作用。

感谢丛书作者的导师们。这些优秀的博士学位论文，从选题、研究到成文，离不开导师的精心指导。我校优秀的师生导学传统，成就了一项项优秀的研究成果，成就了一大批青年学者，也成就了清华的学术研究。感谢导师们为每篇论文精心撰写序言，帮助读者更好地理解论文。

感谢丛书的作者们。他们优秀的学术成果，连同鲜活的思想、创新的精神、严谨的学风，都为致力于学术研究的后来者树立了榜样。他们本着精益求精的精神，对论文进行了细致的修改完善，使之在具备科学性、前沿性的同时，更具系统性和可读性。

这套丛书涵盖清华众多学科，从论文的选题能够感受到作者们积极参与国家重大战略、社会发展问题、新兴产业创新等的研究热情，能够感受到作者们的国际视野和人文情怀。相信这些年轻作者们勇于承担学术创新重任的社会责任感能够感染和带动越来越多的博士生，将论文书写在祖国的大地上。

祝愿丛书的作者们、读者们和所有从事学术研究的同行们在未来的道路上坚持梦想，百折不挠！在服务国家、奉献社会和造福人类的事业中不断创新，做新时代的引领者。

相信每一位读者在阅读这一本本学术著作的时候，在吸取学术创新成果、享受学术之美的同时，能够将其中所蕴含的科学理性精神和学术奉献精神传播和发扬出去。

清华大学研究生院院长

2018 年 1 月 5 日

导师序言

X 波段高梯度加速技术是常温加速结构的研究热点，在正负电子对撞机、自由电子激光、小型光源和紧凑型医疗装置中有着广泛的应用前景。一方面，高梯度加速技术有助于实现装置的小型化，同时能够降低造价。射频击穿现象是限制加速结构达到高梯度的重要因素，该现象会降低束流品质，损伤加速结构表面，研究并抑制该现象对于实现高梯度具有重要意义。另一方面，X 波段加速结构的尾场效应严重，该效应会降低束流品质甚至导致束流崩溃。Choke-mode 作为一种强尾场阻尼结构，具有表面磁场低、加工简单等优点，近年来被成功应用在 C 波段自由电子激光装置中。目前国内外对 X 波段 Choke-mode 加速结构的研究较少，人们对其在高梯度下的射频击穿现象认识也很少。

在这样的研究背景下，吴晓伟结合了当前的 X 波段高梯度技术和射频击穿现象研究的热点与难点——X 波段高梯度 Choke-mode 加速结构的设计与实验研究，在清华大学、日本高能加速器研究机构和欧洲核子研究中心的研究平台上，开展了相关的结构优化和高梯度实验研究，成功研制出最大加速梯度为 130 MV/m 的 Choke-mode 加速结构。吴晓伟通过比较一系列 Choke-mode 加速结构的高梯度实验结果，总结出评估 Choke-mode 加速结构高梯度性能的参量，为将来设计高梯度 Choke-mode 多腔加速结构打下了基础。

本研究获得了国家自然科学基金 11135004 和 11375098 的支持。吴晓伟在研究过程中，得到了国际知名专家、高梯度领域权威 Toshiyasu Higo、Walter Wuensch 等人的细致指导，研究成果在领域内获得高度认可。

本书值得从事高梯度技术研究和射频击穿现象研究的科研人员和 X 波段加速结构设计的工程师深度阅读，不仅可以使读者了解到当前高梯度加速技术研究的热点与难点，亦可引领读者思考该领域的未来趋势及相关研究方法。

陈怀璧
清华大学工程物理系
2021 年 7 月

摘　要

X 波段高梯度加速技术是常温加速结构的研究热点，在正负电子对撞机、自由电子激光、小型光源和紧凑型医疗装置中有着广泛的应用前景。提升加速梯度可以大大缩小装置的尺寸，降低装置的造价。限制加速结构达到高梯度的重要制约因素是射频击穿现象，该现象会造成束流品质下降、腔间相移改变、加速结构表面损伤等不利影响，研究并抑制射频击穿现象对于实现高梯度加速结构具有重要意义。另一方面，X 波段加速结构中的尾场效应严重，尾场会对束团产生恶劣影响甚至导致束流崩溃。为了实现装置在多束团模式下的稳定工作，目前研制出了多种可以阻尼尾场的加速结构。

Choke-mode 加速结构是一种可以抑制高阶模式的强阻尼结构，具有加工简单、成本低廉、表面磁场低等优点。经过多年的发展，C 波段的 Choke-mode 加速结构已应用于可在多束团模式下工作的自由电子激光装置中，但其在 X 波段下的研究仅停留在理论设计阶段。目前，国内外对 X 波段 Choke-mode 加速结构的高梯度性能研究鲜见报道，对其在高梯度下的射频击穿现象认识也很少。

本书首先采用行波多腔加速结构开展了加速结构测试的实验方法研究，通过高梯度实验总结出具有普适性的研究分析方法。该加速结构稳定工作时的加速梯度达到 110 MV/m，验证了清华大学加速器实验室的高梯度研制技术。

本书设计并制作两节型 Choke-mode 单腔加速结构，开展高梯度实验，对 choke 中的射频击穿现象进行了深入研究。提出利用场致发射电流信号作为 choke 中射频击穿事件的依据，并在表面形态观察中得到了验证。通过对射频击穿时间分布的研究，发现射频击穿具有脉冲宽度和电场记忆效应，单一微波脉冲内的射频击穿概率不符合经验公式中脉宽 5 次方和电场 30 次方的关系。

射频击穿概率的研究表明，老练过程存在 10^7 量级的微波脉冲变化常数。研究发现 choke 内过高的电场和较小的尺寸引发了严重的射频击穿，choke 内的射频击穿限制了加速结构梯度的提升。通过降低 choke 区域的电场和扩大 choke 区域的尺寸，本书设计并研制出高梯度 Choke-mode 单腔加速结构，实验中最大加速梯度可达 130 MV/m。通过比较不同尺寸 choke 的高梯度实验结果，本书总结出评估 Choke-mode 加速结构高梯度性能的参量，为将来设计高梯度 Choke-mode 行波多腔加速结构打下了基础。

关键词: Choke-mode 加速结构; X 波段高梯度加速结构; 高梯度实验; 射频击穿

Abstract

X-band high-gradient accelerating technology is a hotspot in the research of room-temperature accelerating structures having wide ranging application prospects in electron-positron linear colliders, X-ray free electron lasers (XFEL), small light sources, and compact medical accelerators. The size and cost of such devices can be reduced by increasing the accelerating gradient. The radio frequency (RF) breakdown phenomenon, which will lower beam quality and damage the structure surface, is one of the main limitations to achieving high gradients. In addition the strong wakefield excited by multi-bunch beam in X-band accelerating structures will cause beam instability or even beam break up. Several kinds of structures with higher-order-mode (HOM) suppression have been researched in the effort to damp the wakefield effect.

The Choke-mode accelerating structure is one of these HOM damping structures. It has the advantage of relatively simple fabrication and low surface magnetic field. C-band Choke-mode accelerating structures have been successfully applied in multibunch XFEL. However, the X-band Choke-mode study remains in the theoretical design stage. The breakdown characteristics and high-gradient performance of the choke are still unknown.

In the book, a universal high-gradient testing and analyzing method was established by conducting high-gradient experiments on a multi-cell traveling-wave structure. This structure reached 110 MV/m which validated Tsinghua high-gradient technology.

Based on the same X-band high-gradient technology, several different single-cell Choke-mode accelerating structures were designed, fabricated and high-gradient tested to study the related RF breakdown characteristics. The absence of field emission current flash was proposed to be the sign of breakdowns occurring inside the choke, this was verified by the post-mortem observation. Evaluation of the breakdown rate revealed that there is memory effect with pulse width and electric field. The breakdown rate in a single RF pulse did not have the 5th order pulse width and 30th order electric field dependency predicted by the empirical formula.

An RF pulse evolution constant of the order of 10^7 was observed from the conditioning rate of the structure. It was observed that high electric field and small choke dimension caused serious breakdowns in the choke which was the main limitation of the high-gradient performance. The Choke-mode accelerating structures reached 130 MV/m by decreasing the electric field and increasing the choke gap. A new quantity was proposed to give the high-gradient performance limit of Choke-mode accelerating structures due to RF breakdown. The new quantity was obtained from the summary of the high-gradient experiments and could be used to guide high-gradient Choke-mode accelerating structure design.

Key words: Choke-mode; X-band high-gradient accelerating structures; high-gradient test; RF breakdown phenomenon

主要符号对照表

B	磁感应强度 [T]
BDR	射频击穿概率 [pulse^{-1}·m^{-1}]
BDR*	归一化射频击穿概率 [pulse^{-1}·m^{-1}]
c	光速 [约 299 792 458 m/s]
e	电子电荷量 [约 $1.602\,177\times10^{-19}$ C]
E	电场强度 [V/m]
E_{acc}	加速梯度 [MV/m]
$E_{\mathrm{acc}}{}^*$	归一化加速梯度 [MV/m]
E_{surf}	最大表面电场 [MV/m]
f	频率 [Hz]
G	最终归一化加速梯度 [MV/m]
H_{surf}	表面磁场强度 [A/m]
m_{e}	电子质量 [约 $9.109\,384\times10^{-31}$ kg]
ω	角频率 [1/s]
P_{in}	输入功率 [W]
P_{loss}	腔壁损耗 [W]
P_{ref}	反射功率 [W]
Q_0	本征品质因数
Q_{e}	外观品质因数
Q_{L}	有载品质因数
R	电阻率 [Ω·m]
R_{E}	表面最大场与加速电场比值
R_{p}	表面最大电场与损耗功率平方根的比值 [MV/(m$\sqrt{\mathrm{MW}}$)]

$\boldsymbol{S}_{\mathrm{c}}$	修正坡应廷矢量 [W/m^2]
τ	微波脉冲宽度 [ns]
t_{f}	填充时间 [ns]
T	温度 [℃]
U	腔体储能 [J]
v	速度 [m/s]
Z_{s}	分流阻抗 [MΩ/m]

目 录

第 1 章　绪　　论

1.1　X 波段高梯度加速技术

X 波段常温高梯度加速结构具有加速梯度高、结构紧凑的优点，与传统的 S 波段（加速梯度为 20～30 MV/m）和 C 波段（加速梯度为 30～50 MV/m）加速结构相比，X 波段高梯度加速结构的加速梯度高达 100 MV/m，达到相同束流能量时，采用 X 波段高梯度加速结构可以减小装置的尺寸、降低成本和节约空间。X 波段高梯度加速技术概念的提出最早可以追溯到 20 世纪 70 年代苏联布德克尔核物理研究机构（Budker Institute of Nuclear Physics，BINP）提出的正负电子对撞机计划（VLEPP）。该计划提出使用工作频率为 14 GHz、加速梯度高达 100 MV/m 的加速结构来组建中心能量为 1 TeV 的对撞机 [1]。20 世纪 80 年代以来，为了建造更高中心能量（TeV 量级以上）、更加紧凑的直线对撞机，人们基于 X 波段高梯度加速技术提出了全球直线对撞机（Global Linear Collider，GLC）和下一代直线对撞机（Next Linear Collider，NLC）的研究合作计划 [2–4]。X 波段高梯度加速技术在这一时期得到了全面发展，美国的斯坦福国家加速器实验室（SLAC National Accelerator Laboratory，SLAC）和日本的高能加速器研究机构（High Energy Accelerator Research Organization，KEK）研制出了长 60 cm、可稳定工作在 65 MV/m 的高梯度加速结构 [5–7]。2004 年国际技术推荐小组（International Technical Recommendation Panel，ITRP）经过认真考虑，决定将 TeV 能级超导直线加速器（teraelectronvolt energy superconducting linear accelerator，TESLA）和 GLC/NLC 的研究工作合并，并选择超导加速方案作为下一代直线对撞机的技术路线 [8–10]。有关 GLC/NLC 的 X 波段常温高梯度加速技术研究转移到了紧凑型直线对撞机（compact linear collider，CLIC）研究计划中，CLIC 是由欧洲核子研究中心（European Organization for Nuclear Research，CERN）提出的中心能量为 3 TeV 的正负电子对撞机计划，采用常温双束加速方案，装置布局如图 1.1 所示 [11–13]。CLIC 主加速段最早的工作频率为 30 GHz、加速梯度为 150 MV/m，后来于 2008 年将工作频率调整为 12 GHz、加速梯度调整为 100 MV/m。基于 X 波段高梯度加速技术的对撞机信息如表 1.1 所示 [14]。为了研制出满足 CLIC 要求的加速结构，自 2007 年起，SLAC、KEK 和 CERN 合作开展了加速梯度高达 100 MV/m 的加速结构的研究工作 [15]。

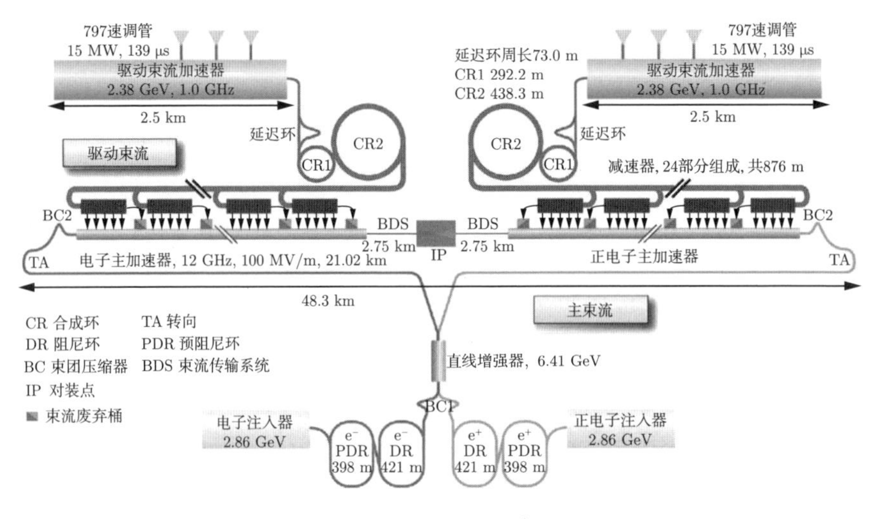

图 1.1　CLIC 的布局

表 1.1　直线对撞机的高梯度加速结构

计划名称	VLEPP	NLC	GLC	CLIC
研究机构	BINP	SLAC	KEK	CERN
工作频率（过去/现在）/GHz	14	11.4	11.4	30/12
设计加速梯度/（MV/m）	100	50	50	150/100
功率源	速调管	速调管	速调管	双束加速
加速结构长度（过去/现在）/m	1	1.8/0.6	1.3/0.6	0.2~0.3

通常 X 射线自由电子激光装置需要高达 9 GeV 左右的束流能量，而现存的基于 S 波段和 C 波段的常温自由电子激光装置运行在 40 MV/m 以下的加速梯度。近年来随着 X 波段高梯度加速技术的深入发展，国际上多

个研究机构均提出了基于 X 波段高梯度加速结构的紧凑型 X 射线自由电子激光装置的设想。采用 X 波段高梯度加速技术，可以缩短装置的尺寸，节约成本，还可以将重复频率提升至 1 kHz [16–22]。例如，对于澳洲光源和上海应用物理研究所正在筹备建设的自由电子激光装置，加速梯度约为 70 MV/m 的 X 波段加速结构可以在满足目标束流能量的同时，实现在现有园区内建设装置 [23]。

除了大型的自由电子激光装置以外，X 波段高梯度加速技术还可以应用在小型光源上。例如，在康普顿散射 X 射线源中，将常用的 S 波段加速结构替换为 X 波段高梯度加速结构，可以在同等长度下获得更高的能量。清华大学加速器实验室计划对现有的康普顿散射 X 射线源束线进行升级，增加 6 根 X 波段高梯度加速管（每根 0.64 m，加速梯度为 75 MV/m），将束流能量提升至 350 MeV，如图 1.2 所示 [24]。为了研究和推动 X 波段小型光源的发展，国际上的多家研究机构和大学成立了专门的研究组织 Compact Light [25]。

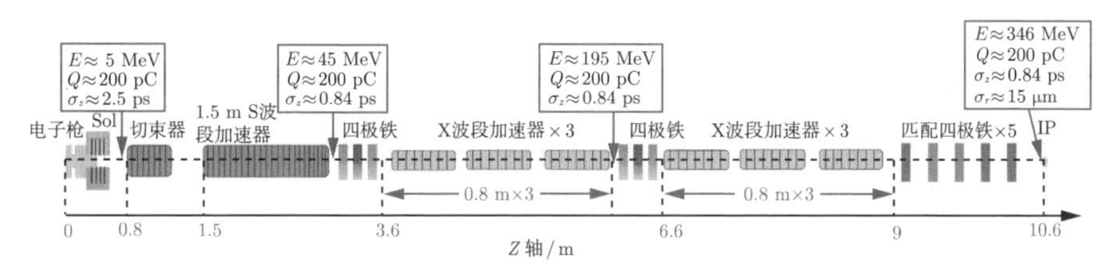

图 1.2 清华大学加速器实验室康普顿散射 X 射线源的升级束线布置

此外，X 波段高梯度加速技术在工业加速器和医用加速器中也有着广泛的应用。在放射治疗领域，质子和重离子治疗装置通常使用回旋加速器和同步加速器，这类装置占地面积大，建造费用高昂。将高梯度直线加速技术应用到放射治疗中，可以实现高重复频率和脉冲式的工作模式，达到扫描治疗的效果，同时还可以缩小装置尺寸，使治疗装置可以集成在医院中，降低建造费用 [22, 26–30]。

1.1.1 X 波段高梯度加速技术的研究状况

在 X 波段高梯度加速结构研制的初期，对撞机工作在单束团高重频模式，不需要考虑抑制高阶模式的问题，这一阶段设计的加速结构腔型为普通圆柱腔。CERN 和 KEK 于 1994 年设计并测试了两根 X 波段高梯度加速管，平均梯度达到了 85 MV/m（当输入为脉冲压缩器 SLED 脉冲时，峰值梯度达到了 100 MV/m 以上），加速结构的盘片如图 1.3(a) 所示。这一时期人们对射频击穿现象的认识尚处于初步阶段，对加速结构高梯度性能的评估并不完善，实验中并没有对射频击穿概率进行相关测量。这之后的 10 年间，人们逐步认识到评估射频击穿概率和保持加速结构稳定运行的重要性 [15,31]。

工作在多束团模式的对撞机可以提高能量传输效率。为了抑制多束团模式下的尾场效应，SLAC 和 KEK 设计出了总长为 1.8 m 的圆形失谐阻尼加速结构（rounded damped-detuned structure1，RDDS1），该结构的盘片如图 1.3(b) 所示。该结构具有良好的尾场抑制能力，但由于腔体内存在多处尖锐边缘，被认为会具有较差的高梯度性能，所以对该结构没有开展相关的高梯度实验研究 [15]。

SLAC 和 KEK 在 RDDS1 的基础上将加速结构的尖锐边缘圆弧化来降低表面磁场，增加腔间相移，扩大加速结构的盘荷孔径的同时保持较低的群速度，设计出了高相移失谐阻尼加速结构（high-phase advance DDS，HDDS）。该结构长 0.6 m，可以稳定工作在 65 MV/m [2,32]，如图 1.3(c) 所示 。截至 2004 年，SLAC 和 KEK 制作并测试了若干 HDDS 结构，在这一时期的测试中，射频击穿概率等参数被良好地记录了下来 [6]。

从 2007 年开始，X 波段高梯度加速技术的研究主要转移到了 CLIC 计划中，CLIC 主加速结构采用强阻尼方案，目前基准方案中的强阻尼（波导阻尼）加速结构如图 1.3(d) 所示。为了实现加速结构在 100 MV/m 加速梯度下稳定运行，SLAC、KEK 和 CERN 共同开展了高梯度加速结构的合作研究 [33]。

SLAC-KEK-CERN 的合作组为了提升加速结构的工作性能，在 X 波段高梯度加速技术的发展过程中，经过大量实验探索，研究出了一套包含精密加工、扩散焊和真空烘烤等的制作工艺。这种工艺目前已成为制作 X 波段高梯度加速结构的基准方案 [32,33]。随着加速结构工作频率的提升，腔体盘片的尺寸也越来越小，SLAC 和 KEK 提出了利用 1/2 结构和 1/4 结构的腔体加工方案。这种方案沿加速结构的横向对整管进行分割，利用铣床直接加工出 1/2 或 1/4 个加速结构，来代替传统的纵向多盘片组装方案，如图 1.4 所示 [34–40]。采用这种方案可以减少加速结构焊接时的部件数，焊接面电磁场很低且没有电流流过，对焊接的要求低于传统的纵向多盘片组装方案，同时减少了需要加工的表面积。近年来，这种方法已经成功应用在了 X 波段以及更高频率加速结构的加工制备中 [41–44]。

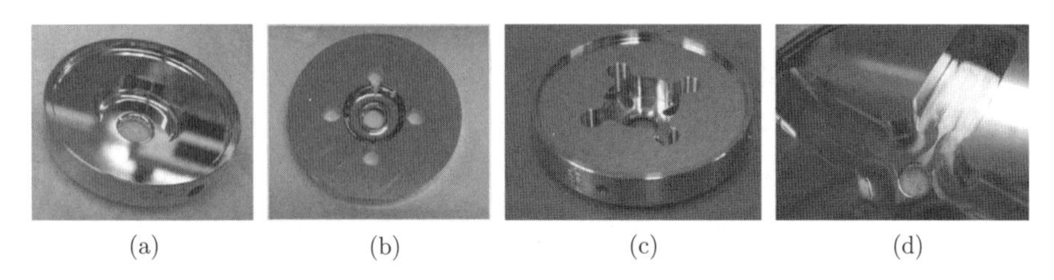

(a)　(b)　(c)　(d)

图 1.3　X 波段高梯度加速结构盘片的变化

(a) 常规圆柱腔加速结构；(b) 圆形失谐阻尼加速结构；
(c) 高相移失谐阻尼加速结构；(d) 波导阻尼加速结构

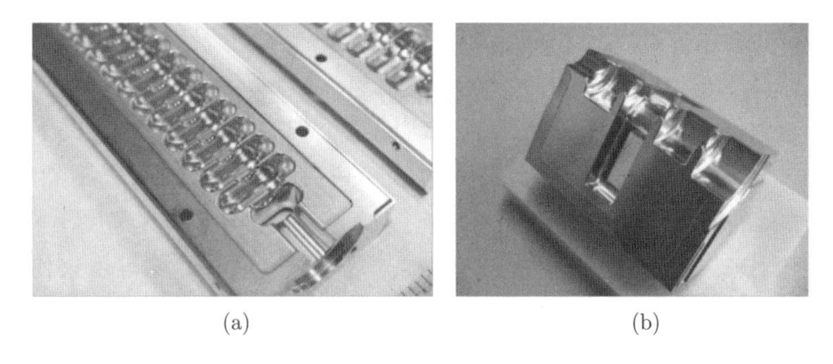

(a)　(b)

图 1.4　1/2 结构和 1/4 结构

(a) CLIC 原型腔 T24 行波腔链的 1/2 结构；
(b) CLIC 原型腔波导阻尼驻波单腔结构的 1/4 结构

为了使 X 波段高梯度加速结构更好地应用到实际的装置中，与之相关的准直技术也得到了发展 [45]。2013 年以来，CERN 联合了多所大学和公司，开展了纳米级加速器计量准直研究计划（particle accelerator components' metrology and alignment to the nanometre scale，PACMAN）[46]。PACMAN 研究组利用导体线（材料为 Be-CU）、尾场模拟器（wakefield monitor，WFM）、三维坐标系测量器（coordinate measuring machine，CMM）和矢量网络分析仪搭建了测量平台，对 CLIC 原型腔 TD24 加速结构进行了预准直研究，实验中利用导体线对 TD24 中第一双极子模式产生微扰，移动 TD24 的同时用矢量网络分析仪寻找 WFM 端口反射系数的最小值，从而确定 TD24 电磁场的中心。该方法对电磁场中心的测量横向精度可达 1.09 μm，纵向精度可达 0.58 μm [47–51]。

1.1.2　高梯度加速结构的限制因素

目前 X 波段行波多腔加速结构和驻波单腔加速结构所能稳定达到的最高加速梯度约为 120 MV/m（脉冲宽度 252 ns）[52–53] 和 160 MV/m（脉冲宽度 160 ns）[54]。

限制加速结构达到高梯度的重要制约因素是射频击穿现象（俗称“打火”现象）。射频击穿是一个复杂的物理现象，通常被认为与场致发射存在着密切的联系，由高电场强度下结构表面的场致发射电流所引发 [54–55]，因此高梯度加速结构中的射频击穿问题尤为严重。当加速结构中发生射频击穿时，腔壁上发射出大量的电流导致发射点升温，进而熔化发射点形成等离子体，迅速提升腔体内的气压值。该电流对入射功率和加速结构本身的干扰在整个系统中产生非线性效应，严重影响被加速的束流。射频击穿会改变束流的轨迹和发射度，造成束流能量不稳定，导致束流亮度下降甚至束流丢失 [6,56–57]。实验中伴随着射频击穿会观察到反射功率剧烈增大，传输功率迅速降低，场致发射电流急剧增加，加速结构内的真空度下降，并且还伴随着 X 射线、发光和发声等现象 [55, 58–60]。这些现象可用来作为判断射频击穿发生的依据。射频击穿会在加速结构表面形成烧蚀坑，破坏表面形态，如图 1.5 所示，并对加速结构造成损伤 [59]。这些对加速结构产生的损伤会引起腔间相移改变、腔体失谐和反射功率变大，缩短加速器的使用寿命。

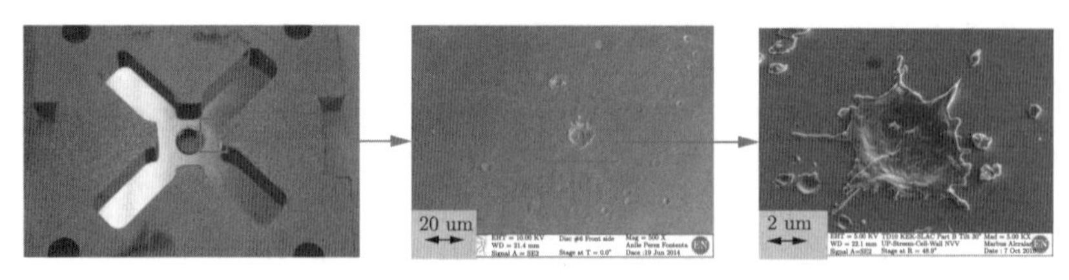

图 1.5　射频击穿在电子显微镜下的微观形态

被观测的加速结构为 TD26

由于射频击穿对被加速的束流和加速结构本身都具有严重影响，还会迫使加速器停止运行，缩短机器的运行时间，实际采用高梯度加速结构的装置对于射频击穿概率有着严格的要求。射频击穿概率的定义由式 (1-1) 给出：

$$\mathrm{BDR}=\frac{\mathrm{Num_{BD}}}{\mathrm{Num_p}\times L} \tag{1-1}$$

其中，BDR 是射频击穿概率，单位是每脉冲每米（$\mathrm{pulse^{-1}{\cdot}m^{-1}}$）；$\mathrm{Num_{BD}}$ 是统计的射频击穿数目；$\mathrm{Num_p}$ 是统计的脉冲数目；L 是加速结构的长度。例如，CLIC 要求其主加速结构运行在 180 ns 脉冲宽度和 100 MV/m 加速梯度时的 BDR 要低于 $3\times10^{-7}\ \mathrm{pulse^{-1}{\cdot}m^{-1}}$ [12]。为了研究并抑制射频击穿，实现高梯度加速结构的稳定运行，世界范围内的多个研究组开展了相关的高梯度实验研究项目。

1.2　高梯度实验研究

高梯度实验研究是理解高梯度加速结构中射频击穿现象的重要手段。目前世界上开展的高梯度实验研究主要由 SLAC、CERN 和 KEK 主导进行。在国内，清华大学加速器实验室和上海应用物理研究所也在开展相关的研究和准备工作。

高梯度实验通过向被测加速结构通入高功率，采用长时间测量的方法，研究其在高梯度下的性能。高梯度实验通常分为前期的微波老练阶段和后期的测量阶段。对于 1.1.1 节介绍的制作工艺所加工的加速管，它并不能直接承受最高的馈入功率。通常需要一个较长的高功率时间来逐步提升其高梯度性能，在这个过程中要保持一个较低的射频击穿概率来防止加速结构遭受不可逆转的损害，同时不断地提升功率水平和脉冲宽度，直到馈入功率逐渐饱和。这也被称为微波老练过程，微波老练通常被认为是一个逐渐改善结构表面和提升加速结构所能承受最大梯度的过程 [2]。当被测加速结构的老练阶段结束后，加速结构已经可以稳定运行在较高的加速梯度下，这一阶段对加速结构开展一些具有目的性的测量，如射频击穿概率的测量，以评估其在高梯度下的性能。高梯度实验系统以入射波、场致发射电流和真空度等信号作为射频击穿的判据，将实验过程中的射频击穿事件记录下来，对收集到的信号和数据进行统计性分析，比较不同参数对高梯度性能的影响，如研究加速梯度、表面磁场、脉冲升温、频率和功率等物理参数对射频击穿概率的影响，从而深入理解射频击穿，并对加速结构的高梯度性能进行评估和预测，进而改进高梯度加速结构的设计方案 [41−42,54,61−62]。

按功率的类型可以将高梯度实验研究分为微波高梯度实验研究和直流高梯度实验研究。微波高梯度实验基于速调管功率源的实验装置，可以直接测试行波以及驻波高梯度加速结构的性能，对相关的射频击穿现象开展研究。目前正在运行的 X 波段微波高梯度实验平台有 CERN 的 Xbox1-3 装置和 KEK 的 Nextef 装置 [63–68]。直流高梯度实验是基于直流功率源的装置，相比于微波高梯度实验，它更加廉价、容易和快速。目前正在运行的直流高梯度实验平台有 CERN 的直流火花系统（DC spark system）和大电极直流火花系统（large electrode DC spark system）[69–74]。

大量的高梯度实验研究结果表明，射频击穿概率与加速梯度和脉冲宽度有着强烈的正相关关系 [7,75–77]，CLIC 研究组在一项包括频率为 12 GHz 和 30 GHz、长度为 20~60 cm、不同类型（行波、驻波、有阻尼结构和无阻尼结构）的加速结构的高梯度实验研究中 [76]，总结出射频击穿概率与加速梯度具有以下关系：

$$\mathrm{BDR} \propto E_{\mathrm{acc}}^{30} \tag{1-2}$$

其中，BDR 是射频击穿概率，其定义由式 (1-1) 给出，E_{acc} 是加速梯度，30 次方关系是通过对不同加速结构数据进行拟合得出的最优参数，对于直流高梯度实验研究也得出了同样的结果 [73]。

射频击穿概率同时也受脉冲宽度影响，射频击穿概率随着脉冲宽度的增长而增大，它们具有以下关系 [7,52,76]：

$$\mathrm{BDR} \propto t_{\mathrm{p}}^{5} \tag{1-3}$$

其中，t_{p} 是脉冲宽度。结合式 (1-2) 和式 (1-3)，可得

$$\frac{\mathrm{BDR}}{E_{\mathrm{acc}}^{30} \cdot t_{\mathrm{p}}^{5}} = \text{常数} \tag{1-4}$$

式 (1-4) 是高梯度加速结构中加速梯度、脉冲宽度和射频击穿概率的经验公式。利用高梯度实验数据，芬兰赫尔辛基大学提出晶格缺陷模型，对射

频击穿概率与表面电场的关系进行解释 [78]，进而总结出以下关系：

$$\mathrm{BDR} \propto \exp\left(\frac{\varepsilon_0 E_{\mathrm{surf}}^2 \Delta V}{k_{\mathrm{B}} T}\right) \tag{1-5}$$

其中，ε_0 是真空介电常数；E_{surf} 是表面电场强度；$\varepsilon_0 E_{\mathrm{surf}}^2$ 可以理解为电场在金属表面产生的应力；ΔV 是晶格缺陷的松弛体积；T 是温度；k_{B} 是玻尔兹曼常数。利用式 (1-5) 对实验数据进行拟合，在微波高梯度实验和直流高梯度实验中均取得了良好的一致性 [78]。

SLAC 在高梯度实验研究中发现输入耦合器内的尖锐边缘处具有较高的射频击穿概率，他们认为这是由强表面磁场引起的射频击穿。通过将该区域圆弧化来降低表面磁场，成功地解决了这一问题 [15]。通常认为表面磁场以脉冲升温的形式对射频击穿现象产生影响。由于金属具有一定的电阻率，微波功率在腔体表面传播时，将以欧姆热的方式产生局部脉冲升温。由脉冲升温产生的热应力会改变金属局部晶格，增加表面粗糙度，降低金属表面品质，对结构的性能产生负面影响，从而增加射频击穿概率 [79–84]。对于脉宽为 t_{p} 的矩形脉冲（表面磁场强度 H_{surf} 为恒定值），脉冲升温的最大值 ΔT 由式 (1-6) 给出 [80]：

$$\Delta T \approx \frac{H_{\mathrm{surf}}^2}{\delta R}\sqrt{\frac{t_{\mathrm{p}}}{\pi \rho k c_{\varepsilon}}} \tag{1-6}$$

其中，δ 是趋肤深度；R 是金属电阻率；ρ 是金属密度；k 是导热系数；c_{ε} 是比热容。由于脉冲升温会提升射频击穿概率，CLIC 研究组通过总结高梯度实验的结果，给出在合理的射频击穿概率下运行的加速结构最大脉冲升温不应超过 56 K [12]。

除了电场强度、脉冲宽度和脉冲升温之外，射频击穿概率还与功率和功率流密度有关。由于驻波加速结构中功率流密度为零，为了将驻波和行波加速结构的高梯度实验结果统一起来，CLIC 研究组基于场致发射融化发射点的模型，提出修正坡印廷矢量 $\boldsymbol{S}_{\mathrm{c}}$ 来描述射频击穿概率 [76]：

$$\boldsymbol{S}_{\mathrm{c}} = \mathrm{Re}(\overline{\boldsymbol{S}}) + \frac{1}{6}\mathrm{Im}(\overline{\boldsymbol{S}}) \tag{1-7}$$

其中，$\overline{\boldsymbol{S}} = E \times H$ 为复数坡印廷矢量。对于驻波和行波加速结构的实验结果，$\boldsymbol{S}_{\mathrm{c}}$ 都具有一个类似的上限值，可用作加速结构设计中降低射频击穿概率的重要优化参数。进而 CLIC 研究组指出：为了在 200 ns 脉宽下获得低

于 1×10^{-6} pulse^{-1}·m^{-1} 的射频击穿概率，S_c 不应超过 5 MW/mm^2 [76]。近期在美国阿贡国家实验室（Argonne National Laboratory，ANL）开展的针形阴极实验表明，在保持阴极表面基模电场强度不变的情况下，腔体储能与场致发射电流存在明显的正相关关系。储能可能影响了局部一些由场致发射电流激发的高阶模式的幅度，进而对射频击穿概率产生影响 [85]。

为了满足 CLIC 对主加速结构射频击穿概率、脉冲宽度和加速梯度的要求，验证装置的可行性，CLIC 研究组设计出了多代原型试验腔，并开展了一系列的高梯度实验研究，实验的汇总结果如图 1.6 所示。由图中结果可知，部分原型腔在达到 100 MV/m 加速梯度的同时，也满足了 CLIC 对于射频击穿概率的要求。

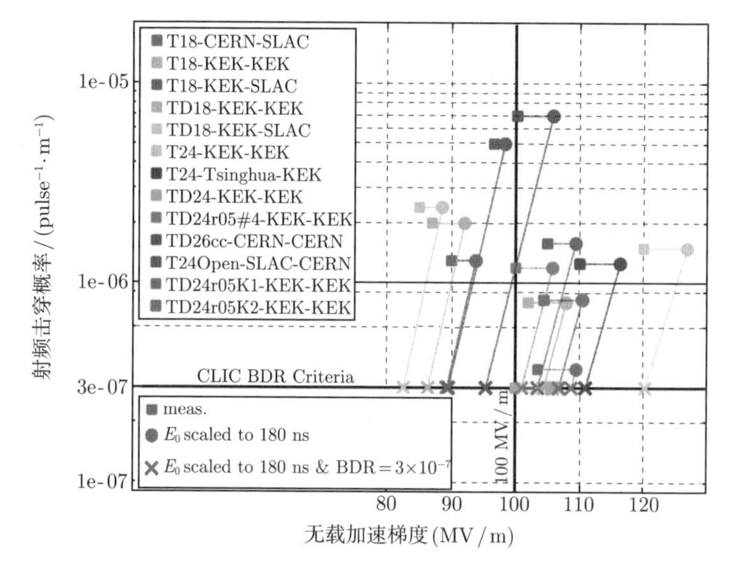

图 1.6　不同 CLIC 原型腔的高梯度实验结果汇总（见文前彩图）

不同颜色的点代表不同的 CLIC 原型腔，正方形的点代表原始数据，圆形的点代表利用式 (1-3) 将原始数据缩放到 180 ns 脉宽后的情况，叉形的点代表利用式 (1-4) 将原始数据缩放到 180 ns 脉宽和 3×10^{-7} pulse^{-1}·m^{-1} 射频击穿概率后的情况

1.3　Choke-mode 加速结构

工作在多束团模式下的加速器面临着抑制尾场效应的问题，Choke-mode 加速结构是一种具有尾场抑制功能且易加工的加速结构。

1.3.1 加速结构中的尾场问题及抑制方法

带电粒子束团在加速结构运动中会激励起电磁场，该电磁场会对束团自身和后续的束团产生作用，被称为尾场 [9,86−87]。尾场往往会对束团产生不利的影响，其中作用于束团自身的尾场被称为短程尾场，短程尾场是一个瞬态场，会影响束团发射度，甚至导致束流崩溃 [88−89]。短程尾场效应随盘荷孔径 a 的增加而减弱，与 $a^{-3.8}$ 成正比，增大加速结构的盘荷孔径可以有效地降低短程尾场的影响 [90]。作用于后续束团的尾场被称为长程尾场。长程尾场在腔体里激励起的单极子模式和双极子模式会对后续束团产生不同作用：前者对束团主要产生纵向作用，改变束团的能散与能量；后者对束团主要造成横向作用，改变束团的发射度，并引起严重的束流崩溃效应 [9,91]。长程尾场效应随加速结构基模频率 ω 的升高而增强，其中纵向尾场效应与 ω^2 成正比，横向尾场效应与 ω^3 成正比 [91]。对于 X 波段高梯度加速结构，由于工作频率高达 12 GHz，长程尾场效应相较于 S 波段和 C 波段的加速结构更加严重，这会对多束团模式的运行造成不稳定性的影响，因此抑制长程尾场是 X 波段高梯度加速结构研究中的重要内容。

加速结构中的纵向长程尾场可以通过束流负载补偿来减弱它的影响，横向长程尾场的抑制则通过阻尼束团在加速结构中激励的高阶模式来实现，设计并优化具有高阶模式抑制功能的加速结构可以阻尼横向长程尾场。抑制高阶模式的方法主要分为失谐阻尼法（高阶模式的品质因数 Q 为 300~1000）和强阻尼法（将高阶模式的 Q 降至 10 以下）[9]。

失谐法的原理是将加速结构中的腔体相互失谐，激励不同频率的高阶模式，在后续束团处相互抵消，达到尾场抑制的效果。为了增强尾场阻尼效果，失谐阻尼加速结构在盘荷侧壁开了四个耦合孔，将高阶模式引出并被吸收负载所吸收 [9,62,92]。SLAC 利用加速器测试平台（accelerator structure setup，ASSET）对该加速结构开展了尾场测试，实验结果与理论计算吻合，表明失谐阻尼加速结构具有良好的尾场抑制功能 [62]。由于失谐阻尼加速结构具有良好的尾场抑制功能，GLC/NLC 选择失谐阻尼加速结构作为其加速段的方案 [2−4]。CLIC 也将失谐阻尼加速结构作为其主加速段的备选方案，CERN、Cockcroft 研究机构和曼彻斯特大学完成了初步的设计（CLIC-DDS-A），已经加工出了完整的腔链，并准备开展相关的高梯度实验 [93]。

强阻尼法的原理是对加速结构中的高阶模式直接产生衰减，将高阶模式的品质因数降至 10 以下，以减弱尾场对后续束团的作用。CLIC 的主加速段基准方案采用波导阻尼结构，是强阻尼方案 [94]。波导阻尼结构在圆柱腔侧壁开四个波导槽，在波导槽的末端安置吸收材料，高阶模式由波导引至负载处并被吸收，而由于波导的截止频率高于加速模式频率，加速模式无法通过波导，被保留在了圆柱腔内 [12]。CERN 对波导阻尼结构开展了深入的研究，完成了多版波导阻尼加速结构设计方案，加工出相应的原型试验腔并开展了高梯度实验研究，利用高梯度实验的结果进一步优化结构 [14, 61, 95–97]。CERN 于 2012 年在 CLIC 概念设计报告中发布了完整的结构设计方案 CLIC-G [12]，并在 SLAC 的先进加速器测试平台（facility for advanced accelerator experimental tests，FACET）对 CLIC-G 开展了尾场测试，实验结果与模拟计算吻合，表明 CLIC-G 具有良好的尾场抑制功能 [98]。针对近期高梯度实验的测试结果和减少装置造价的需求，CLIC 研究组在文献 [99] 中发布了最新的优化方案。

另一种强阻尼方案是 Choke-mode 加速结构，它是 CLIC 主加速段的备选方案。相较于失谐阻尼加速结构和波导阻尼结构，Choke-mode 加速结构具有圆周对称、易加工、表面磁场低等优点，有关 Choke-mode 加速结构的内容将在 1.3.2 节中详细阐述。

1.3.2 Choke-mode 加速结构简介

Choke-mode 加速结构最早由 KEK 的 T. Shintake 于 1992 年提出 [100]，该结构的基本原理是利用圆柱腔外侧的径向线结构和吸收负载来抑制高阶模式，而基模即加速模式被 choke 结构保留在圆柱腔内，达到抑制尾场的效果。在圆柱腔外侧连接一个径向线结构可以有效地阻尼腔体内的电磁场，束流激励的电磁场沿径向线结构向外侧传播，被位于径向线末端的吸收负载所吸收，从而达到阻尼效果。由于束流激励的电磁场均含有沿腔体纵向传播的腔壁电流，而径向线结构切断了腔壁电流流通的路径，强制其流向径向线结构内，最终被吸收负载吸收。在径向线结构内传播的模式没有截止频率，这使得该结构在较大的频率范围内都具有良好的阻尼效果。

虽然径向线阻尼结构可以有效地阻尼束团激励起的高阶模式，但加速模式也会被阻尼。为了保持加速模式的高 Q 值来加速带电粒子，在径向线上距离主腔体 1/4 加速模式波长的位置处连接一个 choke 结构，如图 1.7 所示。当 choke 结构的长度为 1/4 加速模式波长时，choke 结构与径向线连接处的阻抗为无穷大的虚数（choke 结构的末端为短路面）。从电流流动的角度考虑，这两者串联在一起，所以外径向线末端吸收负载的阻抗与 choke 结构相比可以忽略不计，因此加速模式会被 choke 结构反射回主腔体，而高阶模式会沿径向线传播至末端被吸收负载所吸收 [89,100]。这种带有 choke 结构的加速腔体被称为 Choke-mode 加速结构。

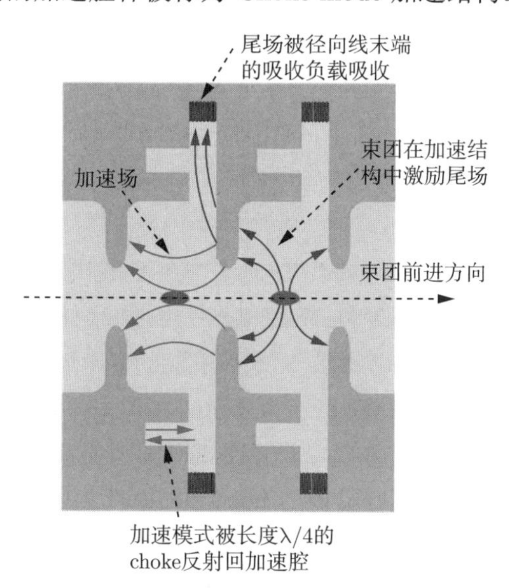

图 1.7　Choke-mode 加速结构

Choke-mode 加速结构的概念被提出后，KEK 分别在 S 波段和 C 波段对该结构展开了高阶模式抑制、高梯度实验、批量生产等研究 [101–107]，于 1998 年制造出了含有环状碳化硅吸收材料的 C 波段 Choke-mode 加速结构 [106]，同年在 SLAC 的 ASSET 对该加速结构进行了尾场测试，实验结果表明 Choke-mode 加速结构可阻尼束团激励的高阶模式，具有良好的尾场抑制功能 [108]。C 波段 Choke-mode 加速结构后来被成功地运用于 SPring-8 紧凑型 SASE 自由电子激光装置（SPring-8 compact SASE source，SCSS）和 SPring-8 硬 X 射线紧凑型自由电子激光装置（SPring-8 Ångström compact free electron laser，SACLA）的直线加速器中 [109–113]。该 Choke-mode 加速结构工作在 5712 MHz，加速梯度为 35~40 MV/m。

Choke-mode 加速结构相较于其他具有高阶模式抑制功能的加速结构具有以下优点：

(1) 加工简单。由于 Choke-mode 加速结构具有圆周对称性，可以直接通过车床加工，不需要铣床加工，加工简单便捷 [89, 100]。

(2) 成本较低。在同样的加工精度要求下，Choke-mode 加速结构的盘片可利用车床加工，造价低于失谐阻尼和波导阻尼等非圆周对称的结构 [89, 100]。

(3) 表面磁场低。Choke-mode 加速结构的表面磁场与普通圆柱腔相似，低于失谐阻尼结构和波导阻尼结构，低磁场强度有助于降低射频击穿概率，从而有可能在更高的加速梯度下稳定工作 [89]。

1.3.3 X 波段 Choke-mode 加速结构的研究现状

1.3.2 节介绍了 Choke-mode 加速结构在 S 波段和 C 波段的应用和发展，由于该结构相较于失谐阻尼结构和波导阻尼结构具有一定的优势，SLAC 的 V.A. Dolgashev 在 2007 年对 X 波段 Choke-mode 加速结构进行了初步模拟计算和高梯度实验，研制的 Choke-mode 加速结构在实验中出现了连续的严重射频击穿事件，所能达到的加速梯度低于 80 MV/m [114–116]。

由于 choke 结构与轴向平行，Choke-mode 加速结构难以直接焊接调谐针，且 choke 结构末端的金属壁也较薄，机械强度弱，Shi 等提出将 choke 结构远离轴线方向弯曲，来增加机械强度和散热性能的方法，同时也降低了调谐针的焊接难度，实现了“推拉法”调谐 [89, 117]。

查皓等对 Choke-mode 加速结构的理论展开了深入的分析，结合传输线理论提出了 Choke-mode 的等效传输线模型，进而提出了两节型 Choke-mode 加速结构，如图 1.8 所示，并设计出了满足 CLIC 尾场抑制要求的 Choke-mode 加速结构方案（CLIC-CDS-C），使 Choke-mode 加速结构也成为 CLIC 主加速段的可行方案 [89, 118–120]。为了研究 Choke-mode 加速结构对高阶模的抑制性能，清华大学加速器实验室开展了相关的径向线实验，测试了 choke 结构的吸收曲线，验证了两节型 Choke-mode 加速结构对高阶模式的吸收能力 [121, 122]。在 ANL 的尾场加速器装置（argonne wakefield accelerator，AWA）开展了相关的尾场测试，实验发现 CLIC-CDS-C 将高阶模式的品质因数降到了 10～20，表明 X 波段 Choke-mode 加速结构具有良好的尾场抑制能力 [123]。但该设计方案在高功率下的性能未知，缺少高梯度实验验证。

图 1.8　两节型 Choke-mode 加速结构

目前有关 X 波段的 Choke-mode 加速结构的高梯度实验研究很少，有关 choke 的射频击穿现象有待研究，本书以 Choke-mode 的高梯度性能研究为主体，开展了相关的设计工作和实验研究。

1.4　主要内容和创新点

实现高梯度的重要制约因素是射频击穿现象。目前对射频击穿现象的机制没有完全研究清楚，此外对 Choke-mode 加速结构的高梯度性能研究尚未完善，开展有关 Choke-mode 加速结构高梯度性能和射频击穿现象的研究具有基础性意义。清华大学加速器实验室自 2009 年以来进行了一系列有关高梯度加速结构的研究工作，近年来针对高梯度加速结构的物理设计与射频击穿现象，与 CERN、KEK、SLAC 和 ANL 积极合作，开展了应用于 CLIC 主加速段 Choke-mode 加速结构的设计 [89,119]、激光触发射频击穿研究 [124]、针形阴极腔体储能研究 [85] 和场致发射在线高分辨率成像研究 [54,125] 等工作，具有良好的高梯度研究基础。

本书以提升 Choke-mode 加速结构的高梯度性能为中心，基于清华大学 X 波段高梯度工艺及与 CERN、KEK 的合作，研究了高梯度的 Choke-mode 加速结构及其射频击穿现象 [126–128]。

本书的整体研究思路如图 1.9 所示。

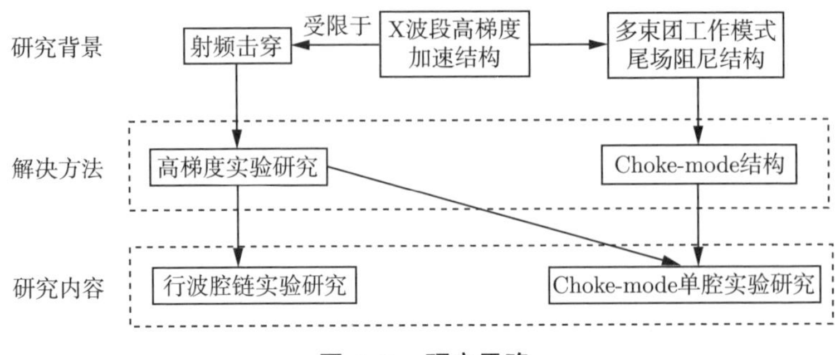

图 1.9　研究思路

本书的主要工作包括以下三个方面:

(1) 为了验证清华大学加速器实验室的高梯度研制技术，利用清华大学加速器实验室研制的 CLIC 原型腔，进行了高梯度实验，并开展高梯度加速结构测试的实验方法研究。该 X 波段行波加速结构在实验中稳定运行的加速梯度达到了 110 MV/m。该实验在 KEK 的 Nextef 实验平台开展。实验研究发现老练过程中存在微波脉冲变化常数，微波老练过程与微波脉冲数更加相关而不取决于射频击穿数。实验中观察到两种不同的射频击穿事件，它们具有不同的射频击穿时间分布。通过与其他 CLIC 原型腔实验结果的对比研究和分析，总结了连续脉冲射频击穿时间分布的原因。

(2) 为了研究 Choke-mode 加速结构的高梯度性能和射频击穿现象，设计并制备了 Choke-mode 单腔加速结构，开展了相关的高梯度实验。该实验在 KEK 的 Nextef 实验平台开展。实验中观察到了含有和不含场致发射电流激增信号的两种类型射频击穿事件，并结合实验后内表面观察的结果，表明不含场致发射电流激增信号的射频击穿发生在 choke 结构内，而含场致发射电流激增信号的射频击穿发生在盘荷孔径区域，该电流信号可作为射频击穿发生位置的依据。Choke 内的严重射频击穿将部分 Choke-mode 加速结构的加速梯度限制在 85 MV/m 以下，通过仿真计算和理论分析，排除了在实验中 choke 内出现电子倍增效应的可能性。在射频击穿时间的分析中，发现单一微波脉冲内射频击穿概率不符合经验公式中脉冲宽度 5 次方和电场强度 30 次方的关系，说明射频击穿具有微波脉冲记忆效应，经验公式中的关系是大量微波脉冲累积的效果。

(3) 为了实现 Choke-mode 加速结构的高梯度运行，抑制 choke 内的射频击穿，本书开展了不同尺寸 Choke-mode 单腔加速结构的高梯度性能比较研究。通过降低 choke 区域内的表面电场强度和增加 choke 的间隙尺寸，成功提升了 Choke-mode 加速结构的高梯度性能，实验中 Choke-mode 单腔加速结构的最大加速梯度达到 130 MV/m。在射频击穿概率的研究中，发现了 10^7 量级的微波脉冲变化常数，射频击穿概率与电场强度存在 31 次方关系，与脉冲宽度有 4 次方关系。比较不同 Choke-mode 加速结构的高梯度实验结果，本书工作总结出评估 choke 高梯度性能的参量，该参量可用于指导 Choke-mode 加速结构的设计，以提升其高梯度性能，降低射频击穿概率。

根据以上的工作内容，本书在第 2 章利用行波多腔加速结构开展了高梯度结构测试的实验方法研究；第 3 章介绍 Choke-mode 单腔加速结构的设计、信号响应以及研制工作，同时对 choke 中电子倍增效应的可能性进行了分析；第 4 章在第 2 章的基础上对 Choke-mode 驻波单腔加速结构进行了高梯度实验研究，对观察到的射频击穿现象进行研究分析；第 5 章介绍 Choke-mode 加速结构的高梯度性能研究；第 6 章对本书工作进行总结，并对未来工作进行展望。

本书的主要创新点包括：

(1) 国内首次研制了 X 波段高梯度行波加速管，开展了高梯度实验研究，实现了 110 MV/m 加速梯度下的稳定运行，并对实验中的射频击穿现象进行了系统性研究，发现了不同类型射频击穿现象的时间分布规律。

(2) 首次设计并制造了 X 波段两节型 Choke-mode 单腔试验管，并开展高梯度实验研究，实现了 Choke-mode 单腔的高梯度运行，为将来实现高梯度 X 波段 Choke-mode 阻尼结构的行波腔链奠定了技术基础。

(3) 对 Choke-mode 加速结构中的射频击穿现象进行实验研究，提出将场致发射电流信号作为发生在 choke 内的射频击穿的判据，发现降低 choke 的表面电场强度和增加 choke 间隙尺寸可以有效降低射频击穿概率，提升工作梯度。基于高梯度实验的结果，总结出评估 choke 高梯度性能的参量。

第 2 章　高梯度加速结构测试的实验方法研究

本书利用无阻尼结构的 CLIC 原型腔开展了高梯度实验方法研究，该原型腔是 CLIC 项目合作的重要研究内容，目前 SLAC、CERN 和 KEK 已测试过一些相同或者相似的原型腔，它相较于 Choke-mode 加速结构容易加工和制备。本章对清华大学加速器实验室制备的 X 波段高梯度行波加速管进行了高梯度性能评估，同时对高梯度实验中的射频击穿现象进行了深入研究和分析，并与之前被测试过的 CLIC 原型腔实验结果进行对比。本章中采用的分析方法为后续的研究工作提供了实验基础和技术储备。

这部分工作是由清华大学加速器实验室、欧洲核子研究中心和日本高能加速器研究机构合作开展的。

2.1　研究背景

为了开展 X 波段高梯度加速结构的研究，清华大学加速器实验室制备了名为 T24_THU_#1 的 X 波段高梯度行波加速结构。名称中的“T24”代表这是一个标准的 CLIC 高梯度实验加速结构，T（tapering）表明这是一个盘荷渐变的加速腔链，24 代表它含有 24 个加速腔体。T24_THU_#1 的盘荷尺寸和盘荷渐变与 CLIC 加速结构的基准设计方案 CLIC-G [12,99] 相同，但不含波导阻尼结构。“THU”代表该加速结构由清华大学加速器实验室制备。T24_THU_#1 工作在 2π/3 模式下，T24_THU_#1 和 CLIC-G 的微波参数如表 2.1 所示，修正坡印廷矢量 $\boldsymbol{S}_\mathrm{c}$ 的定义由式 (1-7) 给出。

T24_THU_#1 的三维模型和场分布情况分别如图 2.1 和图 2.2 所示。

表 2.1　CLIC-G 与 T24_THU_#1 的微波参数

结构名称	CLIC-G	T24_THU_#1
无载加速梯度 $E_{\rm acc}$/(MV/m)	100	100
工作频率 f/GHz	11.994	11.424
首腔和尾腔的品质因数 Q	5536, 5738	6660, 6990
首腔和尾腔的分流阻抗 $Z_{\rm s}$/(MΩ/m)	81, 103	116, 150
加速腔的数量	26	24
输入峰值功率 $P_{\rm in}$/MW	41.7	42.4
最大表面电场 $E_{\rm surf}$/(MV/m)	196	226
最大表面磁场 $H_{\rm surf}$/(kA/m)	393	225
最大修正坡印廷矢量 $\boldsymbol{S}_{\rm c}$/(MW/mm^2)	3.76	3.64
最大脉冲升温/K	33.1	13.8

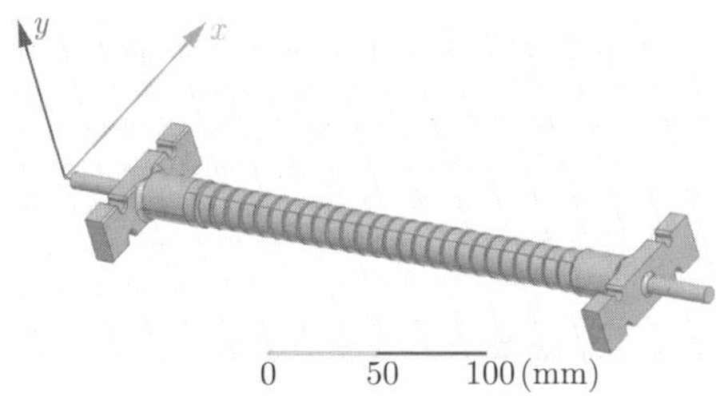

图 2.1　T24_THU_#1 的三维模型（真空部分）

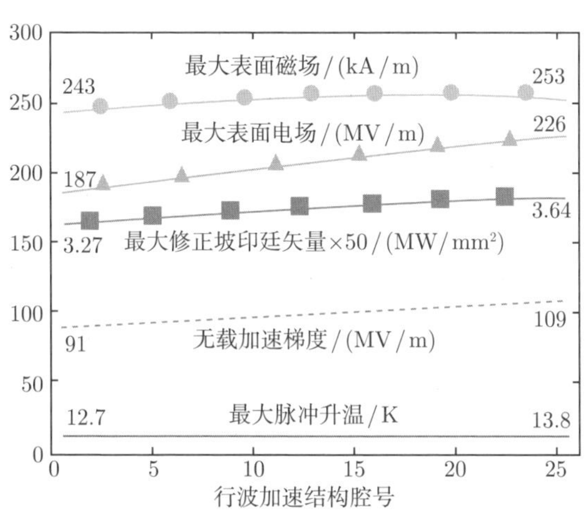

图 2.2　平均无载加速梯度为 100 MV/m 时 T24_THU_#1 的场分布情况

虚线为无载加速梯度，实线为最大脉冲升温，三角实线为最大表面电场，圆形实线为最大表面磁场，方形实线为最大修正坡印廷矢量 [76]

2.2 高梯度加速结构的研制

T24_THU_#1 的盘片和耦合器由 VDL 公司 [129] 生产。依照 GLC 中的制作工艺 [2–3]，对盘片进行了清洗、化学浸蚀和焊接。这包括去油、去离子水清洗和盐酸浸蚀等步骤。T24_THU_#1 利用扩散焊和金铜焊料进行了焊接，其中主腔体盘片组合体利用扩散焊焊接，主腔体和耦合器的组合体利用金铜焊料焊接。为了验证扩散焊技术的可行性，选择了三个与 T24_THU_#1 主腔体盘片相同的盘片作为扩散焊试验件，依照 CLIC 基准报告中的步骤 [12] 进行了扩散焊试验。扩散焊完成后切开试验件，观察到了横跨焊接面的铜晶格，验证了扩散焊技术的可行性 [130]。

成功完成了扩散焊试验后，在清华大学加速器实验室的氢炉中进行了 T24_THU_#1 主腔体盘片的扩散焊，如图 2.3 所示。扩散焊在 1040℃下进行 [131]，扩散焊的压力使用了 CLIC 基准报告中的 0.1 MPa。扩散焊完成后利用金铜焊料将耦合器焊接至主腔体上。

图 2.3 盘片的扩散焊照片

焊接前后的冷测结果表明谐振峰的频率没有变化。由于高梯度实验平台的冷却水温度为 30℃，因此在该温度下将原型腔调谐至 11.424 GHz。调谐后的微波冷测结果如图 2.4 所示。

真空烘烤工作在清华大学加速器实验室进行。由于受到真空炉设备的性能限制和人力资源限制，真空烘烤在 500℃的环境下进行了 5 天，而没有在 CLIC 基准报告中指出的 650℃的环境下进行 7 天 [33, 132]。完成真空烘烤后利用真空阀将该加速结构密封，随后寄往日本的 KEK，进行高梯度实验研究。在 KEK 进行的微波冷测结果与在清华大学加速器实验室测试的结果一致。高梯度实验前的 T24_THU_#1 如图 2.5 所示。

T24_THU_#1 在高梯度实验平台上的安装工作由 KEK 的员工进行，如图 2.6 所示，安装工作依照标准的 KEK 流程 [131] 进行，在打开加速结构和安装的过程中始终保持着从结构内部流往外部的氮气气流。

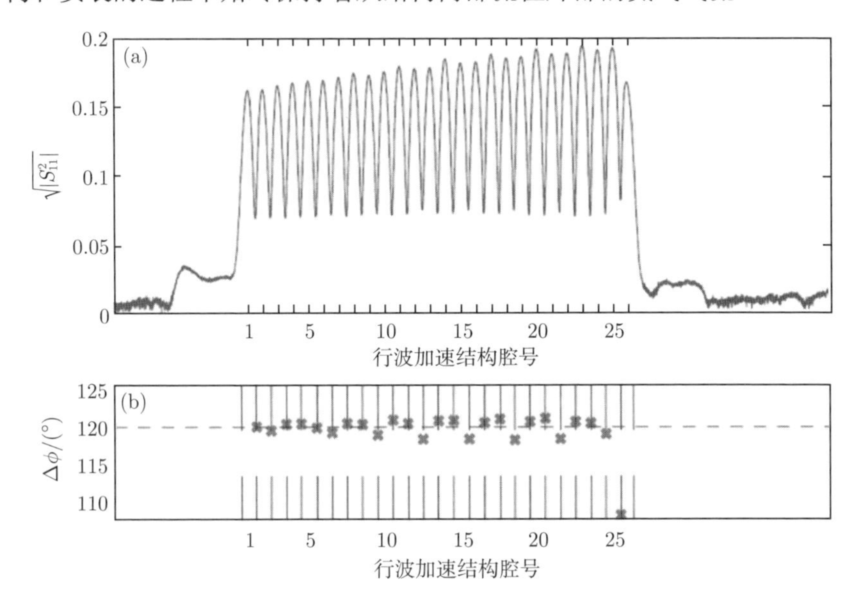

图 2.4　调谐后在 11.424 GHz 的微波冷测实验结果

(a) 束流轴线上的电场分布 (S_{11} 是在入射端口测得的反射系数); (b) 腔间相移

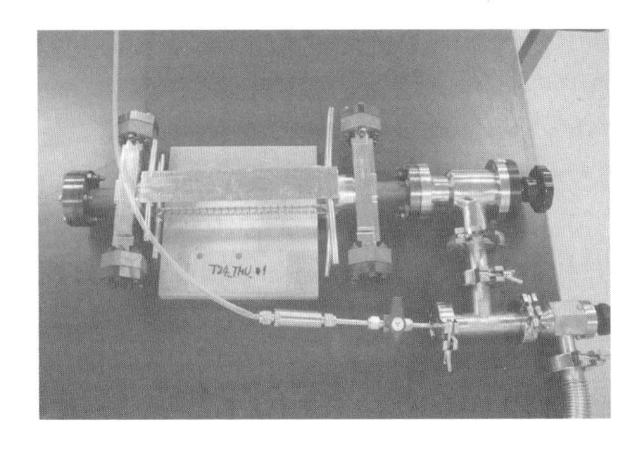

图 2.5　高梯度实验前的 T24_THU_#1

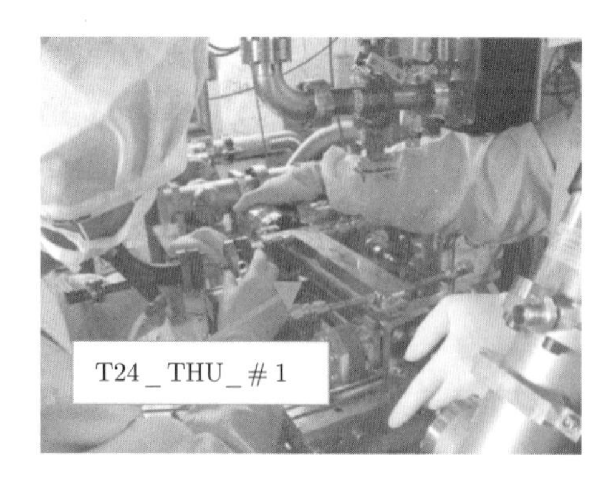

图 2.6 T24_THU_#1 的安装

2.3 高梯度实验

高梯度实验在 KEK 的 Nextef（new X-band test facility）平台 [133] 上进行。Nextef 实验平台从 2006 年正式开始运行，平台由全球直线对撞机加速器测试计划（Global Linear Collider Test Accelerator，GLCTA）[134] 中的设备改装后建成。Nextef 含有两个测试平台，分别为 Shield-A 测试平台和 Shield-B 测试平台，如图 2.7 所示。Shield-A 测试平台可以提供高达 100 MW 的微波脉冲功率，主要对 CLIC 原型腔以及 X 波段行波多腔加速结构进行高梯度实验研究。Shield-B 测试平台主要进行 X 波段单腔加速结构的研究工作。本章的研究工作均在 Shield-A 测试平台上展开，与 Shield-B 测试平台相关的内容将在第 3 章中介绍。

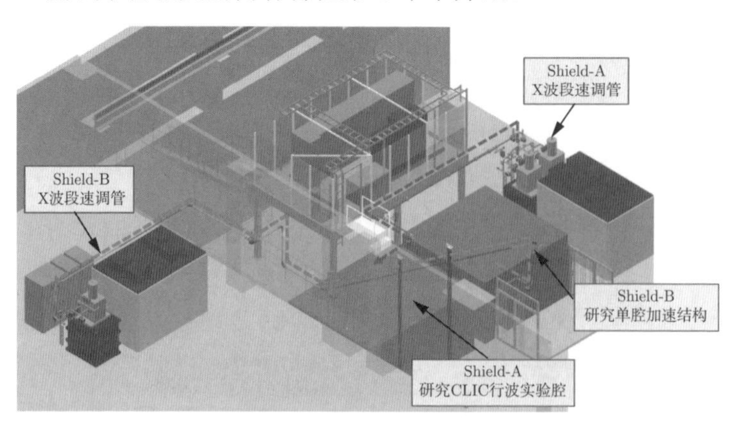

图 2.7 Nextef 实验平台

2.3.1 高梯度实验平台

Nextef 的 Shield-A 实验平台含有两个 X 波段的速调管，将它们的功率合成后，可以提供重复频率为 50 Hz、峰值功率为 100 MW 的脉冲微波功率。速调管的型号是 Toshiba E3768I。微波功率通过 WR90 波导系统传入处于混凝土屏蔽体里的待测加速结构中，屏蔽体内的测试间如图 2.8 所示。前向波（入射波）、反射波和传导波的微波信号由定向耦合器采集并被用来判断射频击穿事件的发生。实验装置如图 2.9 所示。

图 2.8　Shield-A 实验平台测试间

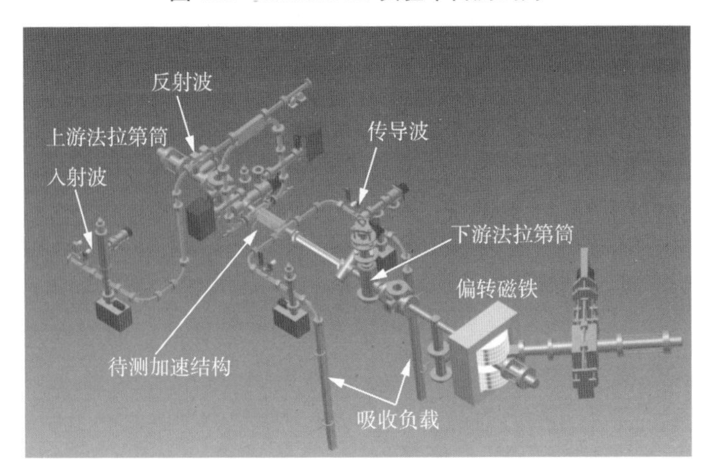

图 2.9　实验装置图

前向波、反射波和传导波的微波信号由定向耦合器采集，从加速结构输入耦合器到测量前向波的定向耦合器的波导距离约为 2.2 m，从加速结构到上游和下游的法拉第筒的距离均为 0.8 m

2.3.2 实验策略

如 1.2 节所介绍，高梯度实验主要分为前期的老练阶段和后期测量阶段。通过向加速结构中馈入微波功率，微波老练通常被认为是一个逐渐改善结构表面和提升加速结构所能承受最大梯度的过程 [2]。高梯度实验的老练阶段从 51 ns 的脉宽和几百瓦特的微波功率开始，随后不断地增加峰值功率和脉冲宽度。首先在固定的脉冲宽度下不断提升微波功率，每次提升的功率为 0.1~0.4 MW。当无载加速梯度 E_{acc} 达到 100 MV/m 时，将脉冲宽度提升 50 ns 左右，随后在新的脉冲宽度下再次从几百瓦特的微波功率开始老练，重复以上过程。高梯度实验老练阶段的射频击穿概率控制在 $2.0 \times 10^{-5}\ \mathrm{pulse}^{-1}$ 左右。整个实验过程被人为地分成了几十段，以确保数据文件的大小在一个合理的范围内，实验中将一段实验运行称为“run”。每一个老练和测量的 run 通常持续上百个小时。

2.3.3 信号采集

高梯度实验中的信号诊断系统包括三个分别用来测量入射波、反射波和传导波微波信号的定向耦合器，以及两个分别收集上游和下游场致发射电流信号的法拉第筒。这些信号通过低损耗传输线传输至 Teltronix DPO7054 示波器进行观测记录，并被用来作为判断射频击穿是否发生的依据 [85, 124, 133]。正常事件和典型射频击穿事件的微波信号如图 2.10 所示。

当信号诊断系统观察到反射波信号或场致发射电流信号有剧烈增长时，联锁系统将被触发，停止速调管继续输出微波脉冲，把整个系统暂停几十秒。这段时间足以使被测加速结构中的真空恢复至正常水平，并把触发联锁的脉冲事件的数据保存下来。被保存下来的事件可能暗示着射频击穿的发生，在离线数据分析中对其进行进一步核实。联锁被触发后，系统将减少 5% 左右的微波功率。暂停结束后重启系统，随后系统将以每 20 s 增加 0.2 MW 的速度提升功率。

从射频击穿事件的时序分析中可以发现两种类型的射频击穿事件，普通脉冲射频击穿事件（normal breakdown，NL-BD）和连续脉冲射频击穿事件（following-pulse breakdown，FP-BD）。普通脉冲射频击穿事件发生在连续的无射频击穿的脉冲后，而连续脉冲射频击穿发生在紧接着前一个射频

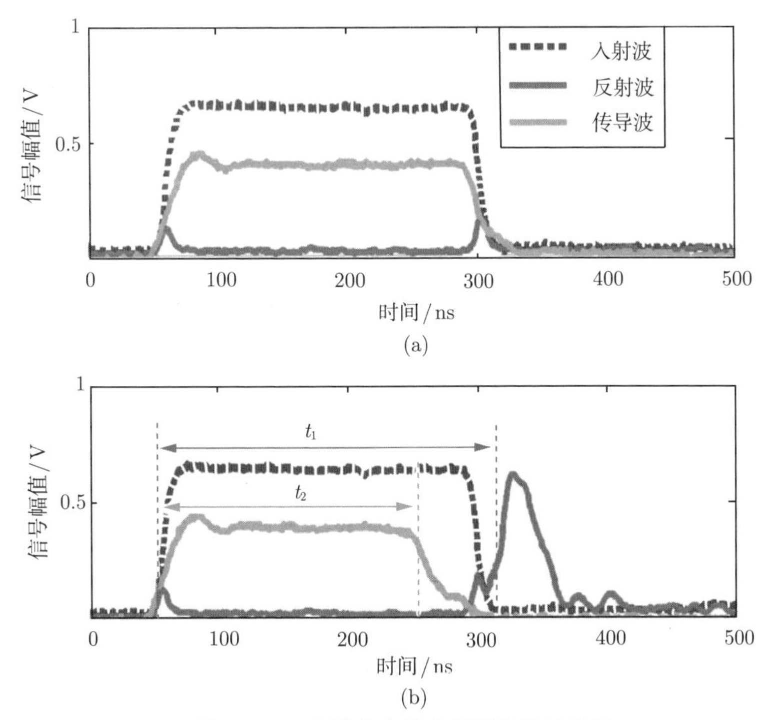

图 2.10　高梯度实验中探测的微波信号

(a) 正常事件的入射波 (虚线)，反射波 (黑色实线) 和传导波 (灰色实线)；(b) 典型射频击穿事件的入射波 (虚线)，反射波 (黑色实线) 和传导波 (灰色实线)，t_1 是反射波的上升沿，t_2 是传导波的下降沿，t_1 和 t_2 被用来计算射频击穿在加速结构内发生的位置和在脉冲中发生的时间

击穿事件发生后的第一个脉冲中。当发生射频击穿时，系统会减少 5% 的微波功率，所以发生连续脉冲射频击穿事件时的加速梯度要低于发生前一个射频击穿事件时的加速梯度。值得注意的是，鉴于连续脉冲射频击穿事件发生在较低的功率水平，除非特别指明，否则本章中关于射频击穿数量和射频击穿概率研究的数据都来源于普通脉冲射频击穿事件，另外本章也对连续脉冲射频击穿事件的独特特征进行了详细的分析。

2.4　实验方法研究

本节介绍高梯度加速结构测试的研究和分析方法，包括高梯度实验历史研究、射频击穿概率分析、射频击穿时间位置分析和加速结构测试的比较研究。

2.4.1 实验历史

T24_THU_#1 的实验历史如图 2.11 所示，蓝色、绿色和红色的符号分别展示了加速梯度 E_{acc}、微波脉冲宽度和累计射频击穿数量随脉冲数的变化情况。当联锁被触发时，系统会记录下当前事件的加速梯度等数值，这既包含射频击穿事件，也包含非射频击穿的联锁事件（如人为停止实验时触发的联锁）。图 2.11 中处于加速梯度包络以下的数据点来源于射频击穿出现后提升功率阶段发生的联锁事件。整个高梯度实验中累计的高功率时间约 3600 h，相当于 6.47×10^8 个微波脉冲。

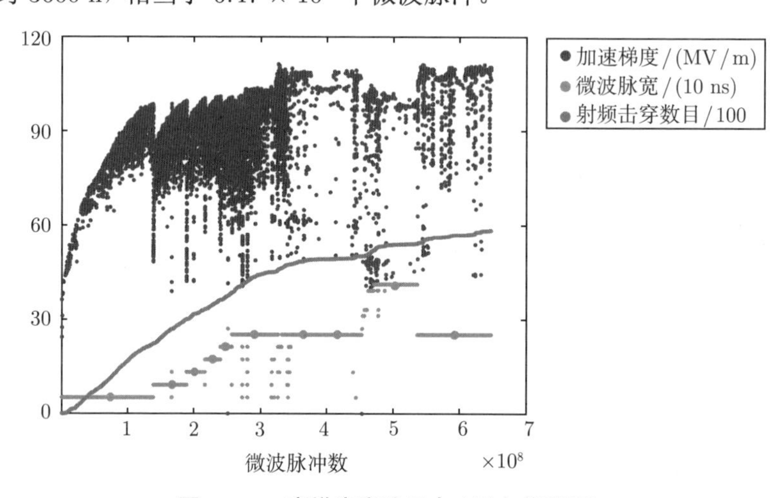

图 2.11 高梯度实验历史（见文前彩图）

蓝点表示无载加速梯度 E_{acc} (MV/m)，绿点表示微波脉冲宽度 (ns) 除以 10，红点代表射频击穿数量除以 100

2.4.2 射频击穿概率分析

射频击穿概率 BDR 的定义是每脉冲每米加速结构中发生的射频击穿数，其单位是 $\mathrm{pulse}^{-1}\cdot\mathrm{m}^{-1}$，如式 (1-1) 所示。实验中总共进行了 15 次测量射频击穿概率的 run，这些 run 提供了老练过程中的重要信息和加速结构的高梯度状态。在测量射频击穿概率的 run 中，系统保持输入功率不变，对射频击穿事件的数量进行统计。由在给定的实验时间内统计到的射频击穿数量、经历的脉冲数和加速结构长度，可以求得射频击穿概率。图 2.12 展示了射频击穿概率的测量结果。15 次测量射频击穿概率的 run 分别在不同的微波脉冲宽度和加速梯度下进行。射频击穿概率的误差由式 (2-1)

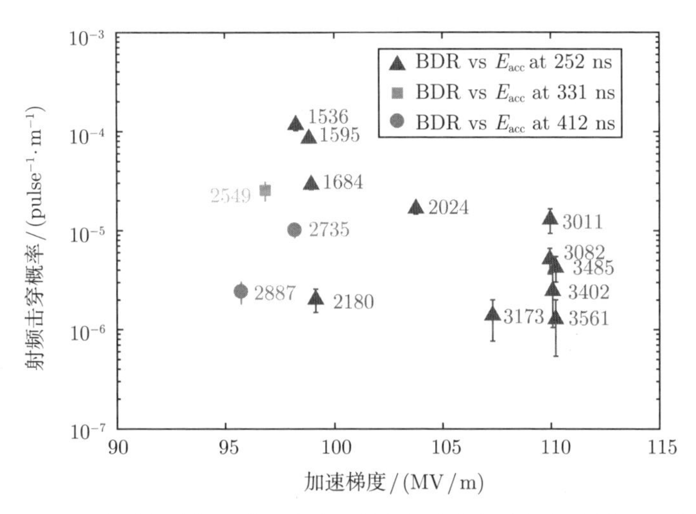

图 2.12　不同高功率时间和脉冲宽度下的射频击穿概率与加速梯度的实验数据

数据点旁边的数字是从实验开始直到该测量射频击穿概率 run 时累计的高功率时间 (单位: h)

给出:

$$\mathrm{ERR_{BDR}} = \frac{1}{\sqrt{\mathrm{Num_{BD}}}} \times \mathrm{BDR} \tag{2-1}$$

其中, $\mathrm{ERR_{BDR}}$ 是射频击穿概率的误差; $\mathrm{Num_{BD}}$ 是发生的射频击穿数量。低射频击穿概率点的相对误差较大, 这是由于在长时间的实验运行中只收集到了很少的射频击穿事件。

射频击穿概率与加速梯度和微波脉冲宽度有强烈的正相关关系, 由式 (1-4), 可得

$$\frac{\mathrm{BDR}}{E_{\mathrm{acc}}^{30} \cdot \tau^5} = \text{常数} \tag{2-2}$$

其中, E_{acc} 是无载加速梯度; τ 是微波脉冲宽度。

通过经验公式 (2-2), 可以将不同加速梯度和微波脉冲宽度下测量到的射频击穿概率归一化到 100 MV/m 加速梯度和 250 ns 脉冲宽度的条件下, 得到归一化射频击穿概率为

$$\mathrm{BDR}^* = \mathrm{BDR} \times \left(\frac{100}{E_{\mathrm{acc}}}\right)^{30} \times \left(\frac{250}{\tau}\right)^5 \tag{2-3}$$

将图 2.12 中的数据归一化处理后, 归一化的射频击穿概率随累计微波脉冲数的变化情况如图 2.13 所示。

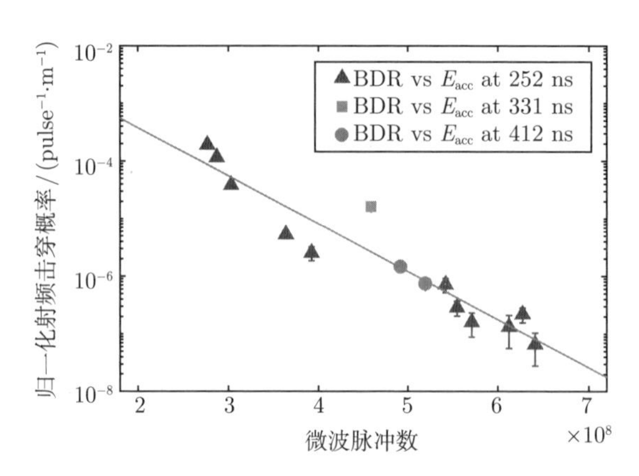

图 2.13 归一化射频击穿概率随累计微波脉冲数的变化情况

对归一化射频击穿概率的下降趋势（图 2.13 中的直线）采用如下的指数函数进行拟合

$$\mathrm{BDR}^* = \text{常数} \times \exp\left(-\frac{n}{N_\mathrm{e}}\right) \tag{2-4}$$

其中，n 是微波脉冲数量；N_e 是微波脉冲变化常数。实验中得到的微波脉冲变化常数为 5.22×10^7，这与之前被测的加速结构的结果类似 [131]。

如式 (2-2) 所示，射频击穿概率与加速梯度具有 30 次方的正相关关系。为了研究射频击穿概率和加速梯度的关系，需要在不同的加速梯度下测量射频击穿概率。然而，当射频击穿概率很低时需要大量的高功率时间来测量射频击穿概率，在给定的加速梯度下进行测量会消耗甚至超过 100 h 的高功率时间。在不同加速梯度下射频击穿概率的测量之间，由于相隔时间较长，会在加速结构中引入额外的老练效应，影响了对射频击穿概率与加速梯度之间关系的分析。这里将前面得到的微波脉冲变化常数应用到射频击穿概率与加速梯度关系的分析中来，计算的结果如图 2.14 所示。

图 2-14 中实心点代表实验中测得的原始射频击穿概率数据，而空心点则代表利用微波脉冲变化常数进行修正后的射频击穿概率数据。对于 412 ns 的数据，在 2887 高功率小时（高功率运行 2887 h）、95.7 MV/m 加速梯度测得的射频击穿概率比 2735 高功率小时、98.2 MV/m 加速梯度测得的射频击穿概率要晚 152 h（相当于 2.74×10^7 个微波脉冲）。由式 (2-4) 可知，后者的测量数据可以通过乘以 $\exp(2.74 \times 10^7/N_\mathrm{e})$ 来缩放至前者测量时的老练状态，从而将图 2.14 中实心圆圈的原始射频击穿概率数据修

正至空心圆圈处，来计算在 2735 高功率小时下的射频击穿概率与加速梯度的关系。在使用该微波脉冲变化常数来消除时间因素的影响后，不同高功率时间下测量的射频击穿概率与加速梯度的关系展示出了相似的次方关系（约 30 次方）。在射频击穿概率较低时，这种方法可以很好地应用于射频击穿概率与加速梯度关系的分析中。

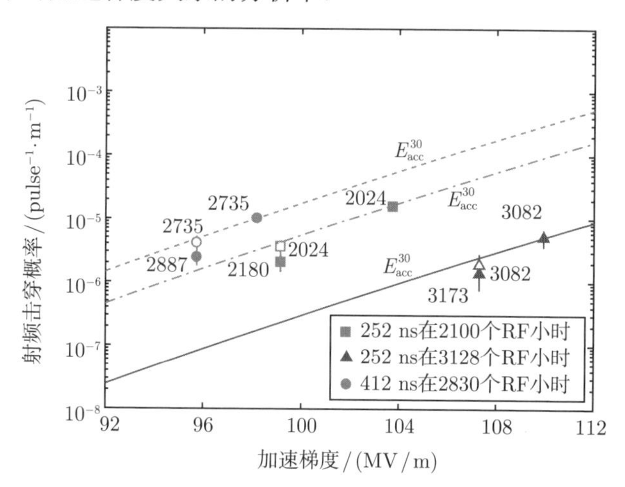

图 2.14　射频击穿概率和加速梯度的关系

点画线为 252 ns 脉冲宽度在 2100 高功率小时的数据，实线为 252 ns 脉冲宽度在 3128 高功率小时下的数据，虚线为 412 ns 脉冲宽度在 2830 高功率小时下的数据。比对的线为加速梯度的 30 次方

在老练阶段结束后，T24_THU_#1 在 1.26×10^{-6} pulse^{-1}·m^{-1} 的射频击穿概率和 252 ns 脉冲宽度下的加速梯度为 110.2 MV/m。应用式 (2-2) 所示的缩放关系 [131]，T24_THU_#1 在 100 MV/m 的加速梯度和 CLIC 标准要求的脉宽形状 [12] 下的射频击穿概率为 1.27×10^{-8} pulse^{-1}·m^{-1}。这表明该加速结构拥有优秀的高梯度性能，清华大学加速器实验室已具备继续开展高梯度 X 波段加速结构研究的制造能力和研制工艺。

2.4.3　射频击穿时间位置分析

定义射频击穿时间是微波脉冲开始和射频击穿发生的时间差，如图 2.10 中的 t_2 所示。当微波脉冲宽度为 252 ns 时，射频击穿时间的取值为 0~252 ns。本节对于射频击穿时间的分析，采用传导波开始下降的时间作为射频击穿发生的时间。如果在加速结构的高梯度实验中没有记忆效应（连续的脉冲对加速结构产生了改变表面状态的累积效应，最终导致了射频击穿），那观察到的射频击穿概率与脉冲宽度的 5 次方关系将会导致在脉冲的末端发生更多的射频击穿。因此，本节对射频击穿时间进行了详细的分析，来研究射频击穿是否存在这样的记忆效应。

普通脉冲射频击穿和连续脉冲射频击穿的射频击穿时间分布情况如图 2.15 所示，图中的数据是脉冲宽度为 252 ns 的实验结果，包含了图 2.11 中所有脉冲宽度为 252 ns 的实验结果，即脉冲数为 2.57×10^8 ~4.52×10^8 以及 5.36×10^8 ~6.47×10^8 的实验结果。图 2.15(a) 表明普通脉冲射频击穿事件在微波脉冲中均匀分布，这说明加速结构的高梯度实验中存在着记忆效应，脉冲宽度只影响了射频击穿概率与脉冲宽度的关系，而不影响射频击穿在微波脉冲中的时间分布。图 2.15(b) 表明连续脉冲射频击穿事件的射频击穿时间分布在微波脉冲的开端具有一个高峰，之后在 50 ns 内迅速减少，之后逐渐减少直至脉冲的末端。由于连续脉冲射频击穿事件发生在低场强的微波脉冲的开端，它可能是由之前射频击穿遗留下的表面特征（如被熔化的铜的飞溅）所导致的。

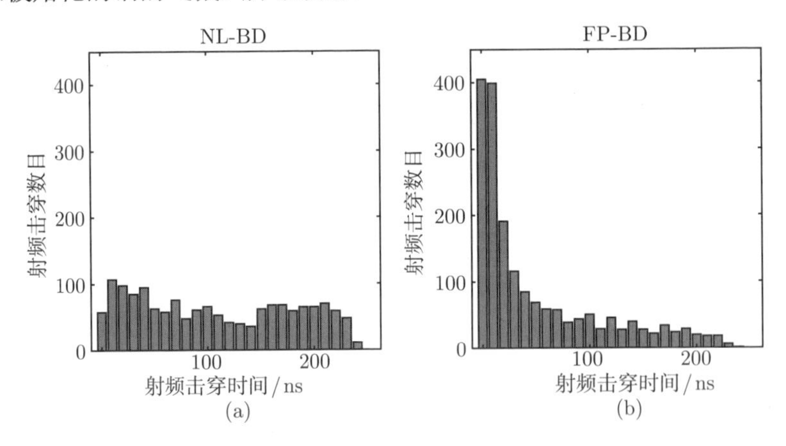

图 2.15　252 ns 脉宽高梯度实验中的射频击穿时间分布情况

(a) 1561 个普通脉冲射频击穿事件的数据；(b) 1859 个连续脉冲射频击穿事件的数据

为了评估该现象在实验中是否一直存在，研究中将图 2.15 分割成了三个连续的运行时间段，三个时间段的射频击穿时间分布情况如图 2.16 所示。三个时间段的射频击穿时间分布相同，没有观察到变化，在其他脉冲宽度的实验运行中也观察到了同样的射频击穿时间分布情况。

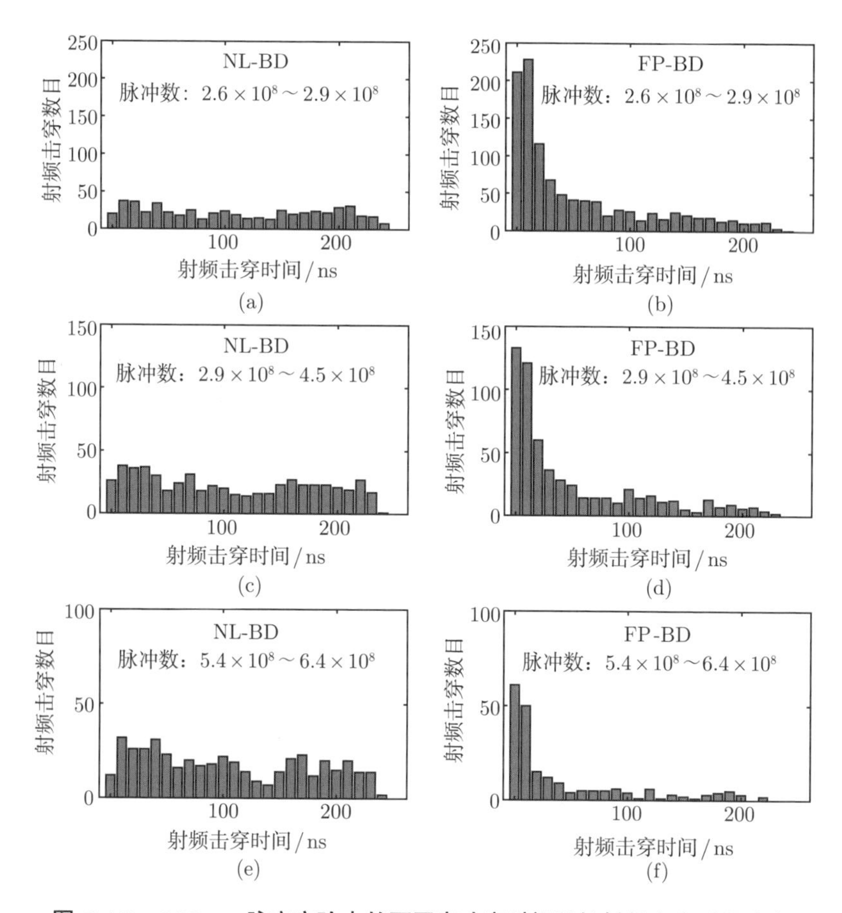

图 2.16　252 ns 脉宽实验中的不同高功率时间段的射频击穿时间分布

(a) $2.6 \times 10^8 \sim 2.9 \times 10^8$ 个微波脉冲中的普通脉冲射频击穿事件；(b) $2.6 \times 10^8 \sim 2.9 \times 10^8$ 个微波脉冲中的连续脉冲射频击穿事件；(c) $2.9 \times 10^8 \sim 4.5 \times 10^8$ 个微波脉冲中的普通脉冲射频击穿事件；(d) $2.9 \times 10^8 \sim 4.5 \times 10^8$ 个微波脉冲中的连续脉冲射频击穿事件；(e) $5.4 \times 10^8 \sim 6.4 \times 10^8$ 个微波脉冲中的普通脉冲射频击穿事件；(f) $5.4 \times 10^8 \sim 6.4 \times 10^8$ 个微波脉冲中的连续脉冲射频击穿事件

当图 2.10 所示的射频击穿发生时，前向波 (入射波) 会被反射，传导波会消失。这可以用来计算射频击穿的位置和与之对应的腔号，分辨率约为一到两个腔[94,135–136]。加速结构中的射频击穿位置分布提供了重要的信息，可以帮助了解加速结构在高梯度实验中的状态。加速结构中的某一个腔或某些腔中可能会出现热点，这种热点主导了射频击穿概率，即加速结构中的射频击穿都发生在热点所在的腔中，局部增加了射频击穿概率。T24_THU_#1

的射频击穿位置分布如图 2.17 所示，尽管分布情况在加速结构的末端有一个宽范围的增长，但加速结构中没有发现明显的热点腔。

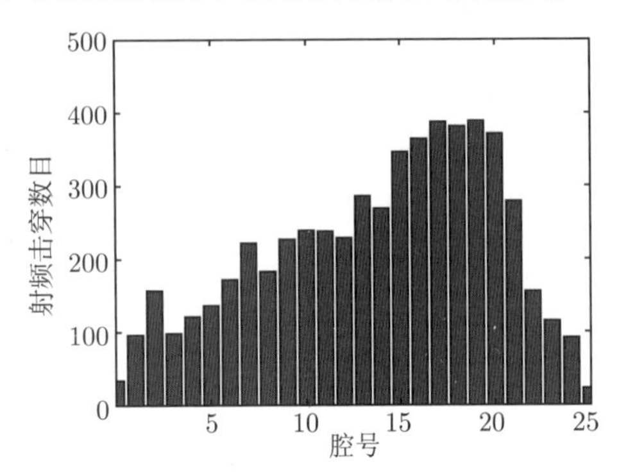

图 2.17 普通脉冲射频击穿的位置分布

由于连续脉冲射频击穿事件和普通脉冲射频击穿事件具有不同的射频击穿时间分布，因此本书对连续脉冲射频击穿事件的射频击穿位置进行了深入研究。脉冲宽度为 252 ns 的 run36 中的连续脉冲射频击穿事件的射频击穿位置分布如图 2.18(a) 所示，从图中可以看出，连续脉冲射频击穿事件在加速结构中的位置呈均匀分布。图 2.18(c) 则表明射频击穿的时间分布在微波脉冲的起始段会有尖峰出现。定义射频击穿腔间移动为当前发生连续脉冲射频击穿的腔号与前一个脉冲中射频击穿的腔号差，射频击穿腔间移动的分布如图 2.18(b) 所示。从图中可以看出，连续脉冲射频击穿发生在与之前射频击穿事件发生位置临近的区域。在其他 run 中也观察到了同样的现象。

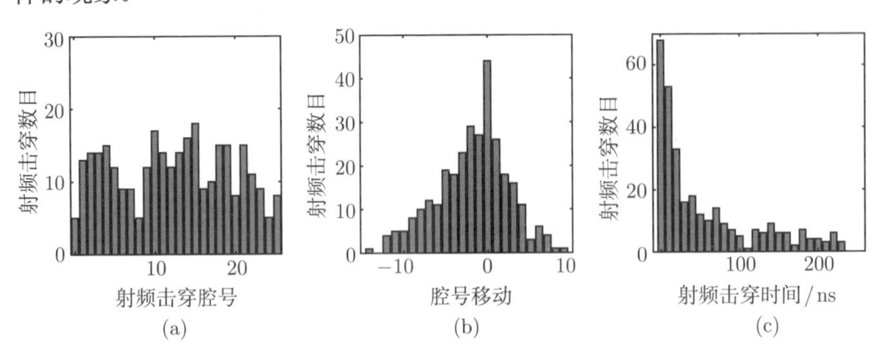

图 2.18 Run36 中连续脉冲射频击穿事件的分布

(a) 射频击穿位置分布；(b) 射频击穿腔间移动分布；(c) 射频击穿时间分布

2.4.4　高梯度加速结构测试的比较研究

本节将从不同的角度对 T24_THU_#1 和其他在 Nextef 实验平台测试的 CLIC 原型腔 [137] 进行比较研究。用来进行比较的加速结构的信息如表 2.2 所示。加速结构名称的“D”代表含有阻尼结构，“R05”代表结构的角半径为 0.5 mm [12]。

表 2.2　在 Nextef 实验平台测试的加速结构信息

结构名称	总微波脉冲数量
T24_THU_#1	6.47×10^8
T24_#3	4.64×10^8
TD24_#4	8.58×10^8
TD24R05_#2	5.16×10^8
TD24R05_#4	6.23×10^8

表 2.2 中的加速结构是由 CERN、KEK 和 SLAC 合作制作的，其中电磁设计来自 CERN，工程设计和盘片加工由 KEK 完成 [12,33]，盘片的化学浸蚀处理、组装、焊接、调谐和真空烘烤等工作在 SLAC 进行 [131]。高梯度实验在 Nextef 实验平台进行 [52]。值得注意的是，如 2.2 节中所述，T24_THU_#1 的制作流程与这些加速结构的制作流程不完全相同。

2.4.4.1　归一化加速梯度

依据射频击穿概率和加速梯度以及脉冲宽度的关系，定义归一化加速梯度 E^*_{acc} 为 [60]

$$E^*_{\mathrm{acc}} = \frac{E_{\mathrm{acc}} \times \tau^{1/6}}{\mathrm{BDR}^{1/30}} \tag{2-5}$$

由于两个 T24 加速结构（T24_THU_#1 和 T24_#3）的电磁设计完全一样，可以利用这个参数来直接比较它们的高梯度实验历史数据。为了得到归一化加速梯度变化的趋势，在数据分析中进行了如下处理：剔除实验中发生在前一个射频击穿后的功率增长阶段和低场强下触发的射频击穿事件，即保留归一化加速梯度曲线的包络。被剔除的数据被保留用于其他分析，如射频击穿数量的统计和射频击穿概率的计算。

首先，通过绘制归一化加速梯度与微波脉冲数的关系，对这两个加速结构进行比较，如图 2.19 所示。与图 2.11 中的加速梯度曲线相比，图 2.19

中归一化加速梯度为一条光滑并且连续增长的曲线。式 (2-5) 把不同脉冲宽度运行阶段的数据连在了一起，光滑的曲线意味着高梯度实验中具有一个平稳的老练过程。在第一组对比中，T24_#3 在初始阶段的上升速度更为迅速，末尾阶段所达到的归一化加速梯度更高。然而，T24_THU_#1 需要更长的高功率时间才能达到与 T24_#3 相同的梯度水平。

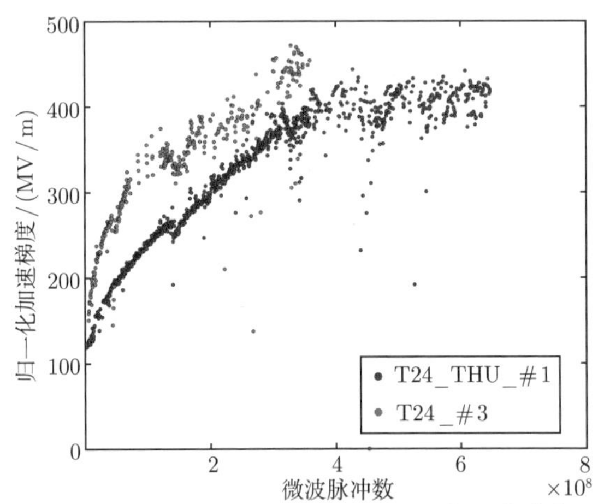

图 2.19　T24_THU_#1 与 T24_#3 的归一化加速梯度和微波脉冲数关系的比较（见文前彩图）

蓝色为 T24_THU_#1，红色为 T24_#3

其次，通过绘制归一化加速梯度与射频击穿数的关系，对这两个加速结构进行比较，如图 2.20 所示。与第一组比较不同的是，图 2.20 中的两组曲线差异很大。T24_THU_#1 在达到与 T24_#3 相同的归一化加速梯度过程中积累了更多的射频击穿事件，这意味着 T24_THU_#1 在老练过程中的射频击穿概率更高。CLIC 研究组的最新研究表明，加速结构所能承受的最大加速梯度随着累计微波脉冲数量的增加而提升，而不由累计射频击穿事件数量决定 [60]。本章的实验结果也从广义上验证了这个发现，在两个加速结构的归一化加速梯度与累计射频击穿数量的关系曲线中观察到了较大的分歧。尽管 T24_#3 拥有较快的老练速度，但两个加速结构在图 2.19 中的曲线相互之间较为接近。这与 CLIC 研究组的研究结果一致。两个加速结构老练速度的差异可能来自加工、组装、焊接和真空烘烤等工艺步骤中的差异。但限制 T24_THU_#1 在高梯度实验最终阶段达到的最大归一化加速梯度的原因仍然未知，这有待进一步的研究。

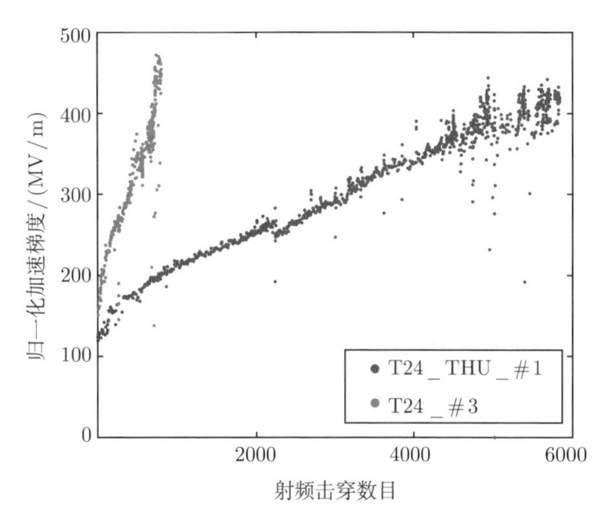

图 2.20　T24_THU_#1 与 T24_#3 的归一化加速梯度和射频击穿数量关系的比较（见文前彩图）

蓝色为 T24_THU_#1，红色为 T24_#3

2.4.4.2　射频击穿时间分布

为了验证在 T24_THU_#1 的高梯度实验中观察到的射频击穿时间分布现象是否也存在于其他加速结构的高梯度实验中，本节对之前介绍的四个加速结构的射频击穿时间分布进行了深入研究。为了在不同的加速结构间进行横向比较，实验选取 252 ns 脉冲宽度下的实验数据进行分析，实验中该脉冲宽度下累积的射频击穿数量如表 2.3 所示。这些加速结构的射频击穿时间分布如图 2.21～ 图 2.24 所示。所有加速结构的实验结果均表明普通脉冲射频击穿事件具有均匀分布的特点，而连续脉冲射频击穿事件在微波脉冲的开端具有一个较高的射频击穿概率。

表 2.3　被测加速结构中累积的射频击穿数量

结构名称	普通脉冲射频击穿数量	连续脉冲射频击穿数量
T24_THU_#1	1561	1859
T24_#3	210	176
TD24_#4	1477	811
TD24R05_#2	392	113
TD24R05_#4	425	166

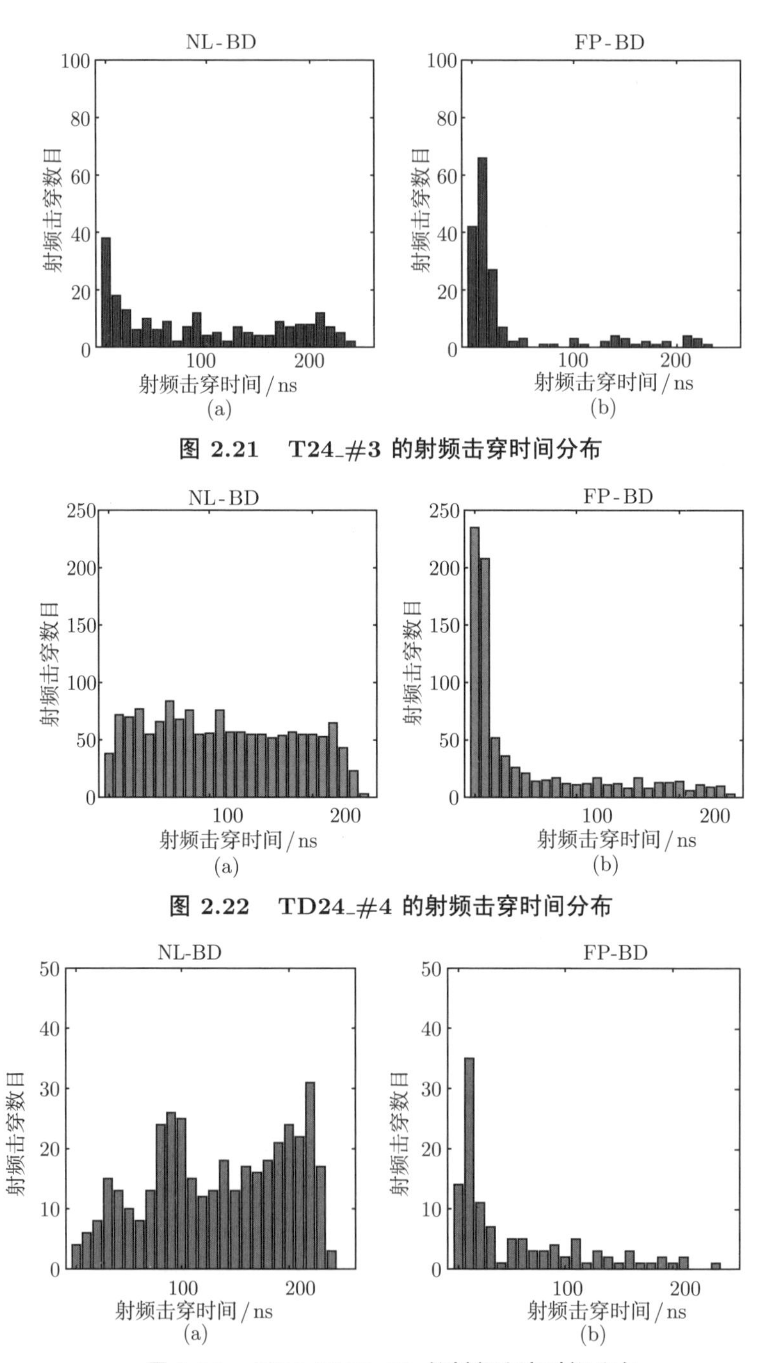

图 2.21　T24_#3 的射频击穿时间分布

图 2.22　TD24_#4 的射频击穿时间分布

图 2.23　TD24R05_#2 的射频击穿时间分布

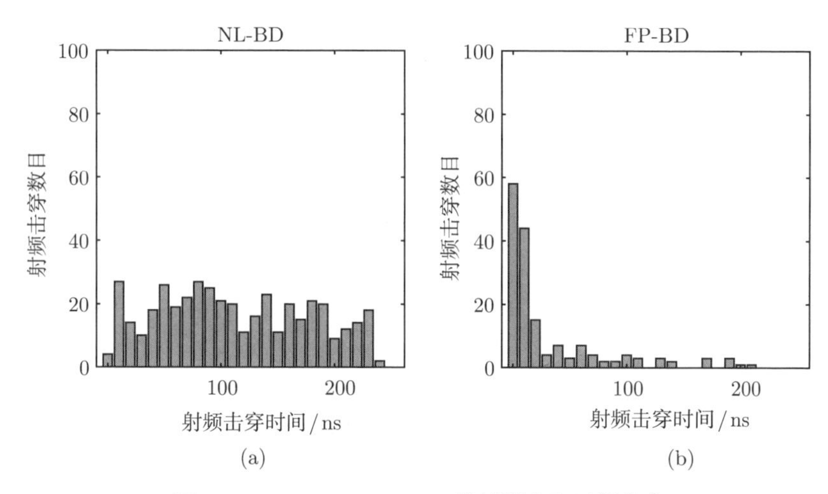

(a)　(b)

图 2.24　TD24R05_#4 的射频击穿时间分布

2.4.5　讨论

加速结构中的普通脉冲射频击穿事件和连续脉冲射频击穿事件具有不同的射频击穿时间分布。一种对于发生射频击穿现象的解释是由加速结构内特定位置的局部凸起导致的，局部凸起具有较强的场增强因子，从而产生了增强的场致电子发射，过强的场致发射电流最终导致了射频击穿的发生。这样的发射点被射频击穿中产生的等离子体所熔化，遗留下了类似坑洞的表面形态，这种表面形态与铜飞溅相似并且可能会产生新的凸起，新的凸起可能具有比前一个凸起更强的场增强因子，进而形成了新的发射点。因此在高梯度实验中，当发生射频击穿后，系统的输入功率应该被降低。近期直流和射频的实验与理论研究均表明：存在着一个只与电极材料相关的最大电场限制值，一旦本地电场数值超过了这个限制值，就会发生射频击穿现象 [54, 71, 138]。新的发射点处的本地电场数值在微波脉冲的起始端可能会超过射频击穿电场限制值，从而引发连续脉冲射频击穿事件。

2.5　小　　结

本章在 KEK 的 Nextef 实验平台上利用 CLIC 原型腔 T24_THU_#1 开展了高梯度加速结构测试的实验方法研究。T24_THU_#1 是一根由清华大学加速器实验室制备的 X 波段含 24 个腔的行波加速管，高梯度实验的结果证明该加速结构可以在 1.26×10^{-6} pulse^{-1}·m^{-1} 的射频击穿概率和 252 ns 的微波脉冲宽度下达到 110.2 MV/m 的加速梯度。该加速梯度目前为国内同等射频击穿概率和脉冲宽度下的最高值。

基于高梯度实验的结果，开展了高梯度实验历史研究、射频击穿概率分析、射频击穿时间位置分析和加速结构测试的比较研究。研究发现该结构以及其他在 Nextef 实验平台上测试的 CLIC 原型腔在老练过程中存在着 10^7 量级的微波脉冲变化常数，该微波脉冲变化常数可以应用在射频击穿概率和加速梯度关系的分析中，来消除实验过程中老练效应对结果的影响，从而得到更加精准的射频击穿概率与加速梯度的关系。研究发现了两种类型的射频击穿事件，分别为普通脉冲射频击穿和连续脉冲射频击穿，这两种射频击穿事件在脉冲中发生的时间呈现出不同的分布特点，普通脉冲射频击穿在脉冲中均匀分布，表明射频击穿具有脉冲宽度记忆效应，单一微波脉冲内的射频击穿概率不具有经验公式中脉宽 5 次方的关系，而连续脉冲射频击穿大多发生在脉冲开始阶段，这可能是由于连续脉冲射频击穿事件具有更高的场增强因子，导致本地电场超过了射频击穿电场阈值，从而在脉冲开始端引发了射频击穿。

本章所积累的实验经验和采用的研究手段，为后续的高梯度 Choke-mode 加速结构研究打下了基础。

第3章 Choke-mode 加速结构的设计与制备

单腔加速结构实验研究是一种研究加速结构性能的重要方式。为了研究 X 波段两节型 Choke-mode 加速结构的高梯度性能，本书利用 Choke-mode 单腔加速结构（简称 Choke-mode 加速结构）开展了相关研究，研究工作期间，经过大量研究和探索，成功地研制出高梯度性能良好的 Choke-mode 结构。本章主要介绍 Choke-mode 加速结构的设计和制备工作。

3.1 Choke-mode 加速结构的设计

单腔加速结构实验研究最早由 SLAC 的 V.A. Dolgashev 和 KEK 的 Y. Higashi 开展 [114, 139–143]。相较于行波多腔加速结构，单腔加速结构具有加工方便，高梯度实验时间短的优点，适用于对不同加速结构高梯度性能进行比较的基础性研究。研究工作主要利用单腔加速结构对 choke 开展研究。

本研究中的单腔加速结构为驻波加速结构，总共含有三个腔，分别为首腔、测试腔和尾腔，工作在 π 模式，工作频率为 11.424 GHz，腔体材料为无氧铜。在单腔加速结构的设计中，中间测试腔具有最高的微波场，首腔和尾腔内的微波场较小，测试腔的峰值电场通常是两个边腔的两倍。研究中通过改变测试腔的尺寸，可以直接比较尺寸变化对于高梯度性能的影响，从而对射频击穿现象进行深入研究 [144]。

本章共设计了五个 Choke-mode 单腔加速结构和一个比对单腔加速结构，Choke-mode 单腔加速结构分别为 THU-CHK-D1.26-G1.68、THU-CHK-D1.26-G2.1、THU-CHK-D1.89-G2.1、THU-CHK-D2.21-G2.1 和 THU-CHK-

D1.88-G2.5，纵向切面的模型和关键部分的尺寸标识如图 3.1 所示。比对单腔加速结构为 THU-REF，该结构的模型和尺寸标识见附录 B。加速结构命名中的“THU”代表由清华大学加速器实验室加工，“CHK”代表 Choke-mode 加速结构，“D”和“G”分别为图 3.1 中的 d_{23} 和 d_1 尺寸参数，“REF”代表比对加速结构。THU-CHK-D1.26-G1.68 来源于 Choke-mode 加速结构 CLIC-CDS-C 设计 [89, 119]，THU-REF 来源于 SLAC 的 1C-SW-A3.75-T2.6 单腔加速结构设计 [114, 142]。为了比较不同尺寸 Choke 对加速结构高梯度性能的影响，本章设计了另外四个不同尺寸的 Choke-mode 单腔加速结构。在设计中，改变图 3.1 中标识的关键尺寸对 choke 进行调谐，图中未标识的尺寸保持不变。

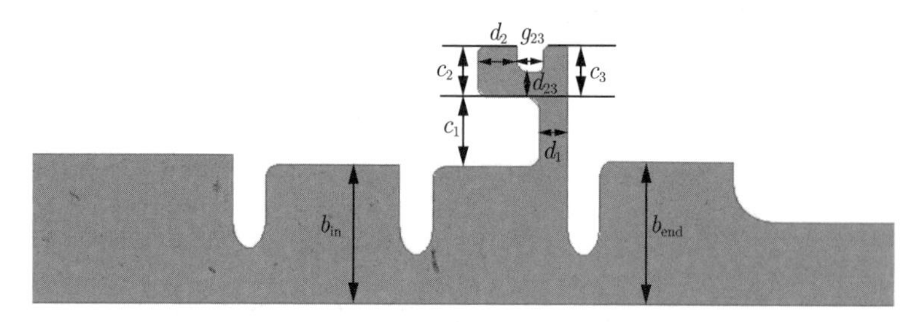

图 3.1　Choke-mode 单腔加速结构的尺寸标注

3.1.1　测试腔设计

首先对含有 choke 结构的中间测试腔进行设计。由 Choke-mode 加速结构的基本原理可知，choke 在抑制高阶模式的同时不能对加速模式产生影响，在设计中要将加速模式保留在圆柱腔内，减少其被外径向线负载所吸收的量。定义 Q_{r} 来表征 choke 反射加速模式的能力：

$$Q_{\mathrm{r}} = \frac{\omega U}{P_{\mathrm{r}}} \tag{3-1}$$

其中，ω 是谐振角频率；U 是腔体储能；P_{r} 是径向线末端负载所吸收的功率。由 Q_{r} 的定义可知，Q_{r} 越大，choke 反射加速模式的能力就越强，被外径向线所吸收的加速模式功率就越小。此外腔体的本征品质因数为

$$Q_0 = \frac{\omega U}{P_{\text{loss}}} \tag{3-2}$$

其中，P_{loss} 为腔壁损耗，定义外径向线泄漏率

$$R_{\text{leak}} = 10\ \lg\left(\frac{P_{\text{r}}}{P_{\text{loss}}}\right) = 10\ \lg\left(\frac{Q_0}{Q_{\text{r}}}\right) \tag{3-3}$$

R_{leak} 表征了加速模式功率泄漏到外径向线中的能力，设计中要尽可能降低 R_{leak}，来减少加速模式功率泄漏到外径向线区域的量，同时考虑到实际中吸收负载所能承受功率的限制 [96]，在设计中要求 R_{leak} 小于 -30 dB。在 HFSS 中建立如图 3.2(a) 所示的模型，将径向线最外侧安置吸收负载，该负载在 11.424 GHz 可实现完全匹配。左右两侧盘荷孔径面设为相位差 π 的周期边界，其余外侧边界设置为电边界，在 Eigen mode 下计算 Q_{r} 和谐振频率。利用图 3.2(b) 所示的模型，设置左右两侧盘荷孔径面设为相位差 π 的周期边界，其余外侧边界条件为铜边界，可以计算 Q_0。为了减少计算量，模拟中可将圆周形的单腔结构切成扇形结构，并将切面设置为磁边界。

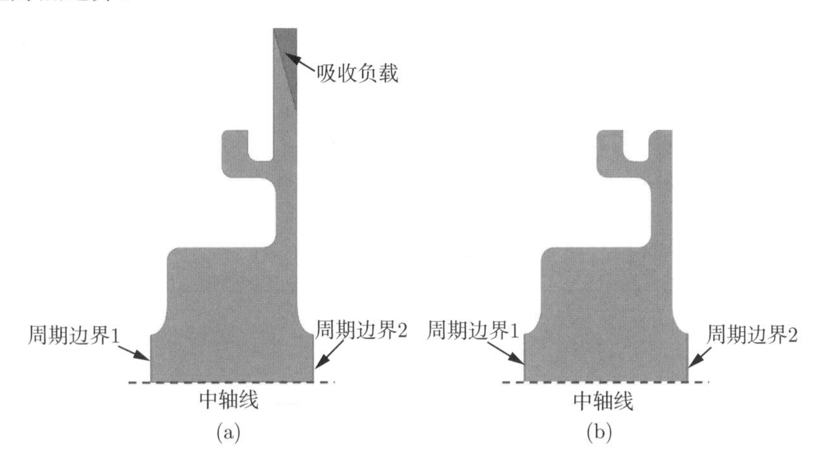

图 3.2　含 choke 结构的中间测试腔，沿中轴线旋转一定角度后得到模拟计算中的 HFSS 模型

(a) 计算 Q_{r} 的模型；(b) 计算 Q_0 的模型

对于 Choke-mode 加速结构的加速模式，外径向线中的场为零，因此在设计中可以忽略 c_3 尺寸对结构的影响，令 c_3 尺寸与 c_2 尺寸相等。由 CLIC-CDS-C 的 choke 设计可知 d_1、d_2、d_{23} 和 g_{23} 的数值，在设计单腔加速结构时需要对 c_1 和 c_2 进行优化。同时由 Choke-mode 结构的传输线理

论 [89, 119] 可知

$$Q_\mathrm{r} \propto \frac{1}{\left(\dfrac{\Delta c_1}{c_1} - A\dfrac{\Delta c_2}{c_2}\right)^2} \tag{3-4}$$

其中，A 是由结构决定的大于零的常数。固定 c_2 扫描 c_1 的结果如图 3.3 所示，固定 c_1 扫描 c_2 的结果如图 3.4 所示。在毫米量级的结构尺寸优化中，加速结构的谐振频率随 c_1 和 c_2 线性变化，Q_r 在特定的数值下具有最大值，Q_0 保持在 6000~7000，随尺寸的变化量相对于 Q_r 来说并不敏感，因此降低 R_leak 可由提高 Q_r 来实现。

本节在保证工作频率为 11.424 GHz 的情况下，对 c_1 和 c_2 进行参数优化，优化后 THU-CHK-D1.26-G1.68 的 Q_0 为 6821，Q_r 为 1.4×10^7，R_leak 为 -33.1 dB。

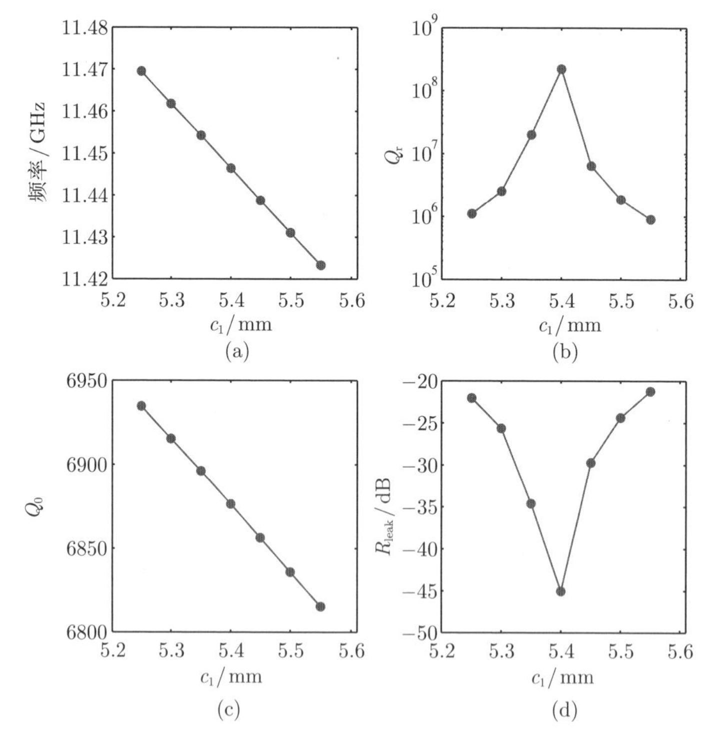

图 3.3　单腔微波参数随 c_1 的变化，固定 c_2=3.7 mm

(a) 频率；(b) Q_r；(c) Q_0；(d) R_leak

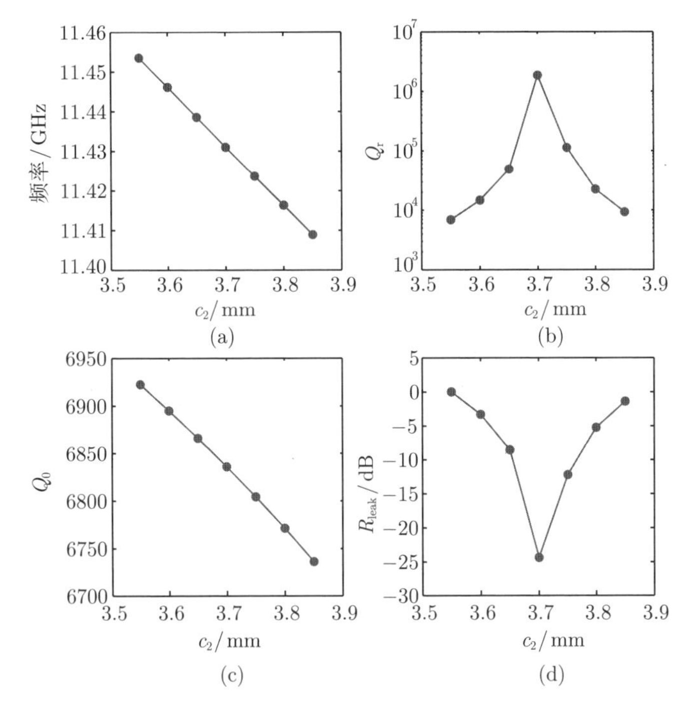

图 3.4　单腔微波参数随 c_2 的变化，固定 c_1=5.5 mm

(a) 频率；(b) Q_r；(c) Q_0；(d) R_{leak}

为了验证 choke 结构对高阶模式的抑制能力，需要对其反射频率进行计算。依据 Choke-mode 加速结构的基本原理和传输线理论 [89, 119]，本书提出如图 3.5 所示的同轴线转径向线测试结构来进行模拟计算，将底部同轴线平面设为入射端口，径向线最外侧设为完全匹配边界，这相当于在径向线末端设置了吸收负载，在 HFSS 的 Driven mode 下计算径向线的反射系数 S_{11}。由 S_{11} 可以推出被径向线末端负载所吸收的部分，负载吸收随频率变化的曲线也被称为 choke 结构的吸收曲线。为了减少计算量，模拟中可将圆周形的同轴线转径向线 choke 结构切成扇形结构，并把扇形结构的侧面设为磁边界。

利用图 3.5 所示模型对 THU-CHK-D1.26-G1.68 中的 choke 结构进行计算，得到的吸收曲线如图 3.6 所示。图中的零点是 Choke-mode 加速结构的全反射峰。CLIC-CDS 系列的两节型 Choke-mode 加速结构在 15∼40 GHz 的尾场阻抗幅度较大，在设计中需要让反射峰远离这一危险区

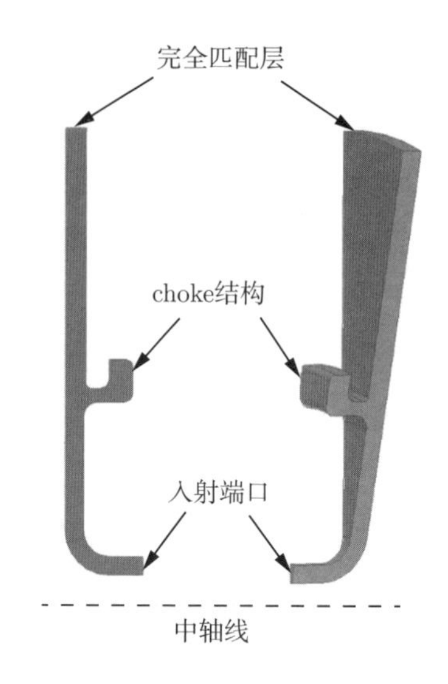

图 3.5 同轴线转径向线 choke 结构

左边为测试结构的横截面，沿中轴线旋转一定角度后得到右边的 HFSS 模型（真空部分）

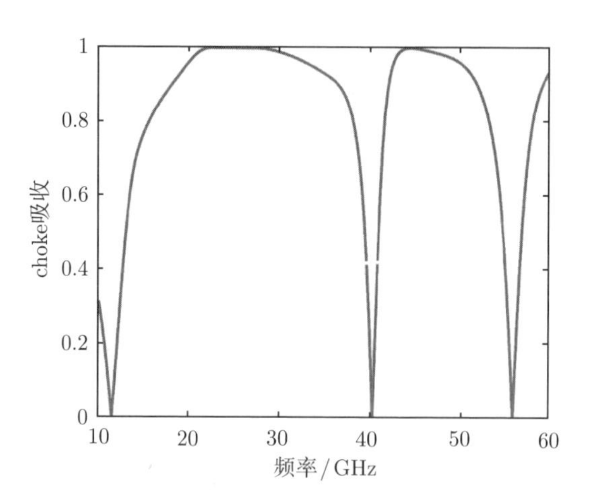

图 3.6 THU-CHK-D1.26-G1.68 的吸收曲线

纵轴为 choke 结构的吸收

间 [89]。观察图 3.6 可知 THU-CHK-D1.26-G1.68 在 10~60 GHz 共有三个全反射峰，第一个为 11.424 GHz 的加速模式，第二个和第三个全反射频率分别为 40.3 GHz 和 55.9 GHz。THU-CHK-D1.26-G1.68 已满足抑制高阶模式的需求。

3.1.2 整管设计

完成对 choke 部分的设计后，利用 HFSS 对整个单腔加速结构进行模拟计算。单腔加速结构由图 3.1 中所示模型沿中轴线旋转得到。为了减少计算量，模拟中可将圆周形的单腔结构切成扇形结构，如图 3.7 所示，并把扇形切面设为磁边界。将功率馈入口设为入射端口，外侧表面设为铜边界，在 HFSS 的 Driven mode 下计算端口的反射系数 S_{11}。初次模拟时，单腔加速结构圆柱腔部分的尺寸沿用 THU-REF 中的尺寸，图 3.8 中的蓝线展示了初次模拟时 THU-CHK-D1.26-G1.68 的 S_{11} 和史密斯圆图结果。通过优化首腔和尾腔的半径，即图 3.1 中的 $b_{\rm in}$ 和 $b_{\rm end}$，对整个加速结构进行调谐，将工作模式调为临界耦合，同时保证其频率为 11.424 GHz。调谐后的结果如图 3.8 中红线所示，可知通过改变 $b_{\rm in}$ 和 $b_{\rm end}$，已将结构的工作频率调为 11.424 GHz，且处于临界耦合状态。

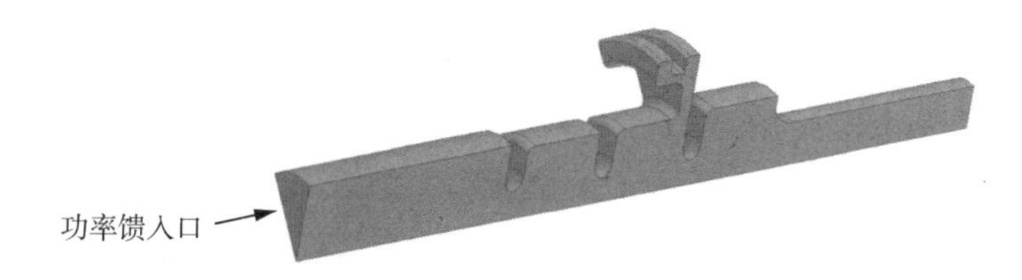

图 3.7　Choke-mode 单腔加速结构 HFSS 模型（真空部分）

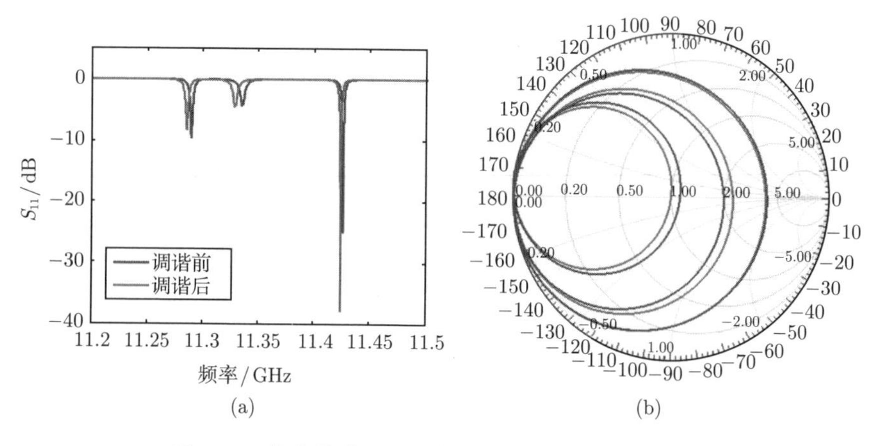

图 3.8　优化首腔和尾腔参数的结果（见文前彩图）

蓝色为调谐前的结果，红色为调谐后的结果

(a) 反射系数 S_{11}；(b) 史密斯圆图结果

THU-CHK-D1.26-G1.68 的电场分布如图 3.9 所示，中间测试腔的电场强度约为首腔和尾腔的两倍。

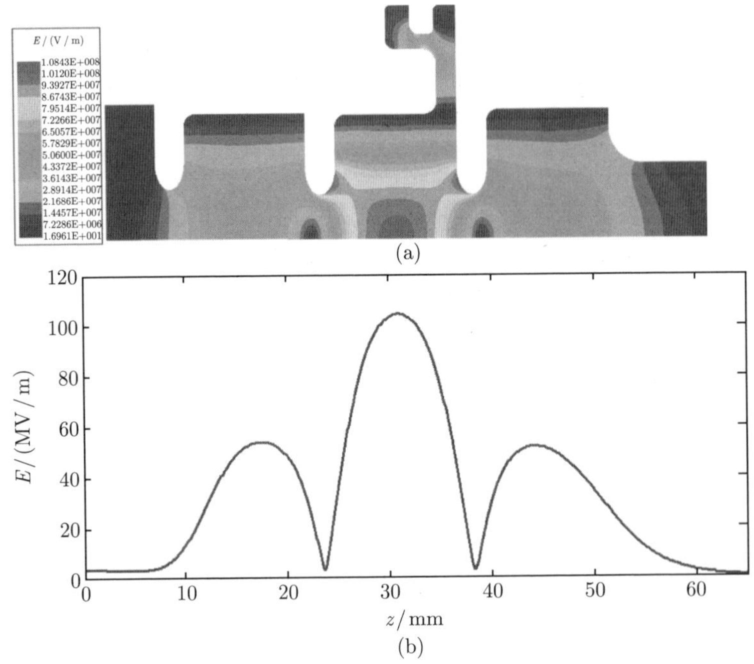

图 3.9　THU-CHK-D1.26-G1.68 在 1 MW 输入功率下的电场分布（见文前彩图）

(a) 横截面的电场分布；(b) 轴线上的电场分布

3.1.3　不同尺寸 choke 的设计

观察 THU-CHK-D1.26-G1.68 的电场分布可知 choke 区域（图 3.1 所标识 d_{23} 和 d_1 的区域，下文分别将间隙为 d_{23} 和 d_1 的区域简称为 choke 的 D 区域和 G 区域）具有较高的电场分布，且尺寸较小（毫米量级），在实验中可能引起电子倍增效应或出现射频击穿现象。在 SLAC 开展的有关 X 波段 Choke-mode 加速结构的初步研究中，发现 choke 内出现了严重的射频击穿事件，将加速结构的梯度限制在 80 MV/m 以内 [114]。

为了提升 X 波段 Choke-mode 加速结构的稳定工作梯度，本节工作通过改变 choke 区域的最大表面电场和 choke 间隙尺寸，设计了另外四个不同尺寸的 Choke-mode 单腔加速结构，来探索不同尺寸 choke 对加速结构高梯度性能的影响。四个 Choke-mode 单腔加速结构分别为 THU-CHK-

D1.26-G2.1、THU-CHK-D1.89-G2.1、THU-CHK-D2.21-G2.1 和 THU-CHK-D1.88-G2.5。

由两节型 Choke-mode 加速结构的基本原理 [89,119] 可知，D 区域的最大电场随着 d_1/d_{23} 的增加而变大，因此改变 D 区域和 G 区域的尺寸可以得到具有不同 choke 区域的最大表面电场和 choke 间隙尺寸的设计。在 THU-CHK-D1.26-G1.68 的设计中，d_1/d_{23}=4/3，实验中在 THU-CHK-D1.26-G1.68 的基础上增大 G 区域的间隙。但由于随着整体 choke 尺寸的扩大，加速结构将面临 choke 处盘片壁厚太薄、整体机械强度太弱的风险，d_1 最大不宜超过 2.5 mm。最终在实验中选择将 G 区域的间隙 d_1 增加到 2.1 mm，分别设计了一个 d_1/d_{23} 大于 4/3 的结构（THU-CHK-D1.26-G2.1）、两个 d_1/d_{23} 小于 4/3 的结构（THU-CHK-D1.89-G2.1 和 THU-CHK-D2.21-G2.1）和一个 d_1/d_{23} 等于 4/3 的结构（THU-CHK-D1.88-G2.5）。不同 Choke-mode 单腔加速结构的 d_1 与 d_{23} 尺寸选取如图 3.10 所示。

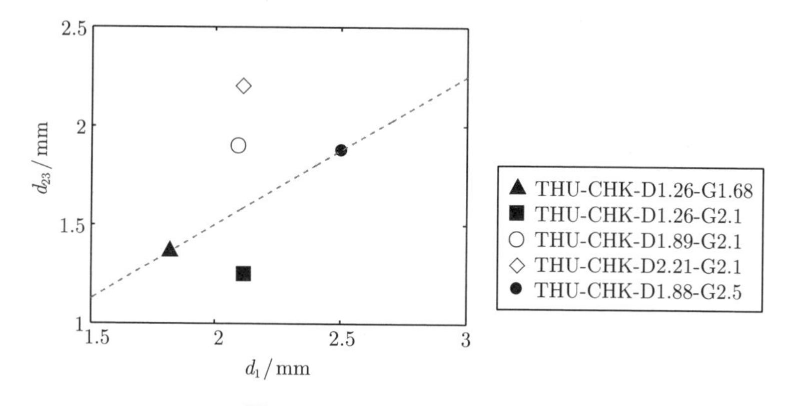

图 3.10 choke 尺寸的选取

图中虚线是 $d_1/d_{23} = 4/3$ 的 choke 尺寸线

仿照前两节所述的 Choke-mode 单腔加速结构设计步骤，本节首先开展了单腔模拟计算，在设计中改变 c_1、c_2 和 g_{23} 的参数，降低 Q_r 使 R_{leak} 小于 −30 dB，同时保持加速模式频率为 11.424 GHz。其中 g_{23} 对频率、Q_r 和 Q_0 的影响与 c_1、c_2 相似。Choke 吸收曲线第二全反射峰的位置受 d_2/d_{23} 数值的影响 [89,119]，为保证设计的 choke 具有一致的尾场抑制能力，保持 d_2/d_{23} 的数值与 THU-CHK-D1.26-G1.68 中的一致，因此 d_2 可由 d_{23} 的尺寸确定。参数优化后的单腔计算结果如表 3.1 所示。

表 3.1 choke 测试腔设计结果

结构名称	Q_0	Q_r	R_{leak}/dB
THU-CHK-D1.26-G1.68	6821	1.4×10^7	−33.1
THU-CHK-D1.26-G2.1	6529	1.2×10^7	−33.6
THU-CHK-D1.89-G2.1	7447	2.6×10^7	−35.4
THU-CHK-D2.21-G2.1	7691	4.4×10^7	−37.6
THU-CHK-D1.88-G2.5	7288	4.4×10^7	−37.8

完成测试腔设计后，对各个加速结构的尾场阻尼能力进行验证，吸收曲线的结果表明第二个反射峰均远离 15~40 GHz 的危险区间，符合高阶模抑制要求。将设计好的 choke 结构代入整管单腔加速结构中，进行尺寸调谐，将工作频率调到 11.424 GHz，且处于临界耦合状态。定义 choke 场比 E_{choke}/E_{surf} 为 choke 内 D 区域最大电场与结构最大表面电场的比值。利用图 3.7 中所示的模型对首腔和尾腔的尺寸进行调谐，调谐后的单腔加速结构的 Q_0 和 choke 场比如表 3.2 所示。

表 3.2 单腔加速结构的设计参数表

结构名称	Q_0	E_{choke}/E_{surf}
THU-CHK-D1.26-G1.68	7519	0.759
THU-CHK-D1.26-G2.1	7247	0.923
THU-CHK-D1.89-G2.1	8006	0.727
THU-CHK-D2.21-G2.1	8210	0.687
THU-CHK-D1.88-G2.5	7864	0.836
THU-REF	9010	1.000

表 3.3 给出了 Choke-mode 单腔加速结构的关键尺寸设计。Choke-mode 单腔加速结构的详细尺寸标识图和图 3.1 中未标示的尺寸设计见附录 A。对比单腔加速结构的尺寸标识图和尺寸设计见附录 B。

下面对单腔加速结构稳态时的加速电场进行计算。利用 HFSS 软件对中间测试腔的本征模进行计算，仿真模型如图 3.2 所示，模拟过程与 3.1.1 节中计算中间测试腔 Q_0 的过程相同。THU-CHK-D1.26-G1.68 中间腔的本征模电磁场分布如图 3.11 所示。定义 R_E 为中间腔最大表面电场与加速电场的比值，利用 HFSS 软件计算出中间腔的 R_E，本书设计的单腔加速结构的 R_E 约为 2。

表 3.3　Choke-mode 单腔加速结构设计的关键尺寸表　单位：mm

结构名称	D1.26-G1.68	D1.26-G2.1	D1.89-G2.1	D2.21-G2.1	D1.88-G2.5
THU-CHK-c_1	5.515	5.640	5.380	5.250	5.485
THU-CHK-c_2	3.715	3.840	3.865	3.940	3.810
THU-CHK-c_3	3.715	3.840	3.865	3.940	3.810
THU-CHK-d_1	1.68	2.100	2.100	2.100	2.500
THU-CHK-d_2	2.100	2.100	3.150	3.680	3.100
THU-CHK-d_{23}	1.260	1.260	1.890	2.210	1.880
THU-CHK-g_{23}	2.100	2.210	2.000	1.860	2.255
THU-CHK-b_{in}	10.625	10.625	10.625	10.630	10.625
THU-CHK-b_{end}	10.920	10.930	10.920	10.915	10.925

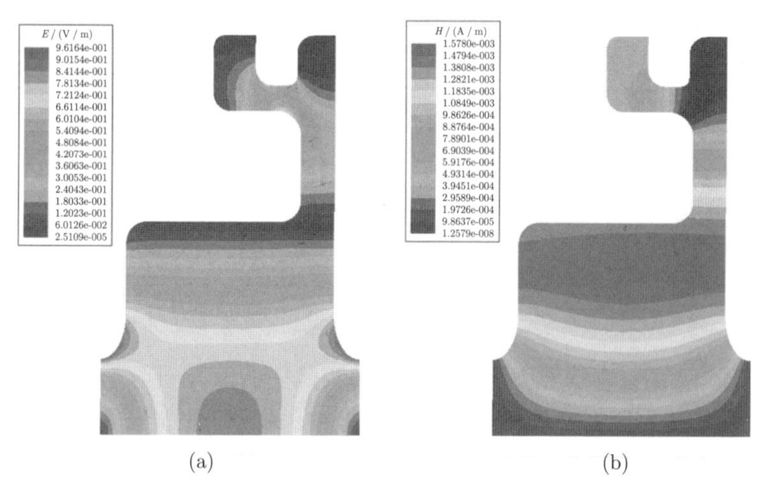

图 3.11　THU-CHK-D1.26-G1.68 中间腔的二维结构及电磁场分布（见文前彩图）

(a) 电场分布；(b) 磁场分布

定义 R_{p} 为整个单腔加速结构中表面最大电场与损耗功率平方根的比值，该参数可由对整个单腔加速结构的仿真得到，模拟中使用的模型如图 3.1 所示。R_{p} 与 Q_0 的关系为

$$R_{\mathrm{p}} = \frac{E_{\text{peak}}}{\sqrt{P_{\text{loss}}}} \propto \sqrt{Z_{\mathrm{s}}} \propto \sqrt{Q_0} \tag{3-5}$$

其中，E_{peak} 为最大表面电场（单位为 MV/m）；P_{loss} 为腔壁损耗功率（单位为 MW）；Z_{s} 为分流阻抗；Q_0 为本征品质因数。实验中 Q_0 可通过微波冷测得到，但由于冷测环境的温度 T^{meas} 通常不等于高梯度实验环境下的温度 T^{exp}，需要对冷测得到的 ${Q_0}^{\mathrm{meas}}$ 进行温度修正。铜的电阻率 R 随温度变化关系 $\dfrac{\mathrm{d}R}{\mathrm{d}T}/R = 4.33\times10^{-3}\ \mathrm{K}^{-1}$ [145]，又 $Q_0 \propto 1/\sqrt{R}$，可得品质因数 Q_0 随温度的变化关系为

$$\frac{1}{Q_0}\frac{\mathrm{d}Q_0}{\mathrm{d}T} = \frac{1}{Q_0}\frac{\mathrm{d}Q_0}{\mathrm{d}R}\frac{\mathrm{d}R}{\mathrm{d}T} = -\frac{1}{2R}\frac{\mathrm{d}R}{\mathrm{d}T} = -2.165\times10^{-3}\ \mathrm{K}^{-1} \tag{3-6}$$

由冷测得到的品质因数 Q_0^{meas} 可以计算出高梯度实验环境下的品质因数 Q_0^{exp}：

$$Q_0^{\mathrm{exp}} = Q_0^{\mathrm{meas}} \times \exp\left[-2.165\times10^{-3}\times\left(T^{\mathrm{exp}} - T^{\mathrm{meas}}\right)\right] \tag{3-7}$$

利用高梯度实验环境下的品质因数 Q_0^{exp} 和仿真中计算出的品质因数 Q_0^{simu} 对 R_{p} 进行修正：

$$R_{\mathrm{p}}^{*} = R_{\mathrm{p}} \times \sqrt{\frac{{Q_0}^{\mathrm{exp}}}{{Q_0}^{\mathrm{simu}}}} \tag{3-8}$$

其中，${R_{\mathrm{p}}}^{*}$ 是利用腔体微波冷测结果修正后的 R_{p}，定义单腔加速结构中的稳态加速电场为

$$E_{\mathrm{acc}} = \frac{R_{\mathrm{p}}^{*}}{R_{\mathrm{E}}} \times \sqrt{P_{\mathrm{loss}}} = \frac{R_{\mathrm{p}}^{*}}{R_{\mathrm{E}}} \times \sqrt{P_{\mathrm{in}} - P_{\mathrm{ref}}} \tag{3-9}$$

其中，P_{in} 是实验中的输入功率；P_{ref} 是实验中的反射功率。Choke-mode 单腔加速结构和比对单腔加速结构 R_{E} 和 R_{p} 的设计值如表 3.4 所示。

表 3.4　单腔加速结构的 R_{p}

结构名称	R_{E}	$R_{\mathrm{p}}/[\mathrm{MV}/(\mathrm{m}\sqrt{\mathrm{MW}})]$
THU-CHK-D1.26-G1.68	2.10	108.6
THU-CHK-D1.26-G2.1	2.05	104.3
THU-CHK-D1.89-G2.1	2.04	109.8
THU-CHK-D2.21-G2.1	2.06	112.1
THU-CHK-D1.88-G2.5	2.05	103.0
THU-REF	2.05	129.9

3.2　输入信号在单腔加速结构中的瞬态响应

3.1 节介绍了稳态时加速梯度的定义，下面对输入信号在单腔加速结构中的瞬态响应进行计算。由驻波腔链理论，可得驻波腔链中储能 U 的微分方程 [146]：

$$\frac{\mathrm{d}U}{\mathrm{d}t}+\frac{\omega_0 U}{Q_\mathrm{L}}-2\sqrt{\frac{\omega_0 U P_\mathrm{in}}{Q_\mathrm{e}}}=0 \tag{3-10}$$

其中，Q_L 是有载品质因数；Q_e 是外观品质因数；ω_0 是腔链频率；P_in 是输入功率。

下面考虑矩形输入脉冲时储能 U 随时间的变化情况，输入功率为 P_1，脉冲宽度为 W_1，通过解式 (3-10) 可得

$$U=\begin{cases}\dfrac{4{Q_\mathrm{L}}^2P_1}{\omega_0 Q_\mathrm{e}}\left(1-\mathrm{e}^{-\frac{\omega_0 t}{2Q_\mathrm{L}}}\right)^2, & 0\leqslant t<W_1\\ \left[\dfrac{4{Q_\mathrm{L}}^2P_1}{\omega_0 Q_\mathrm{e}}\left(1-\mathrm{e}^{-\frac{\omega_0 W_1}{2Q_\mathrm{L}}}\right)^2\right]\mathrm{e}^{-\frac{\omega_0(t-W_1)}{Q_\mathrm{L}}}, & t\geqslant W_1\end{cases} \tag{3-11}$$

由本征品质因数 Q_0 的定义，可得

$$P_\mathrm{loss}=\frac{\omega_0 U}{Q_0} \tag{3-12}$$

其中，P_loss 是腔壁损耗。

由稳态时加速梯度定义式 (3-9) 可知，矩形输入脉冲下 P_loss 在时域上的表达式为

$$P_\mathrm{loss}=\begin{cases}\dfrac{4{Q_\mathrm{L}}^2P_1}{Q_0 Q_\mathrm{e}}\left(1-\mathrm{e}^{-\frac{\omega_0 t}{2Q_\mathrm{L}}}\right)^2, & 0\leqslant t<W_1\\ \left[\dfrac{4{Q_\mathrm{L}}^2P_1}{Q_0 Q_\mathrm{e}}\left(1-\mathrm{e}^{-\frac{\omega_0 W_1}{2Q_\mathrm{L}}}\right)^2\right]\mathrm{e}^{-\frac{\omega_0(t-W_1)}{Q_\mathrm{L}}}, & t\geqslant W_1\end{cases} \tag{3-13}$$

另外，由 $Q_\mathrm{e}=Q_0/\beta$，$Q_\mathrm{L}=Q_0/(1+\beta)$，其中 β 是耦合系数，可得

$$P_\mathrm{loss}=\begin{cases}\dfrac{4\beta P_1}{(1+\beta)^2}\left(1-\mathrm{e}^{-\frac{\omega_0 t}{2Q_\mathrm{L}}}\right)^2, & 0\leqslant t<W_1\\ \left[\dfrac{4\beta P_1}{(1+\beta)^2}\left(1-\mathrm{e}^{-\frac{\omega_0 W_1}{2Q_\mathrm{L}}}\right)^2\right]\mathrm{e}^{-\frac{\omega_0(t-W_1)}{Q_\mathrm{L}}}, & t\geqslant W_1\end{cases} \tag{3-14}$$

对于功率反射系数 Γ、反射功率 P_{ref} 和 β，满足如下关系式：

$$\begin{cases} \Gamma = \left(\dfrac{1-\beta}{1+\beta}\right)^2 \\ P_{\mathrm{ref}} = \Gamma P_1 \end{cases} \tag{3-15}$$

将式 (3-15) 代入式 (3-14)，矩形输入脉冲下 P_{loss} 在时域上的表达式可重写为

$$P_{\mathrm{loss}} = \begin{cases} (P_1 - P_{\mathrm{ref}})\left(1 - \mathrm{e}^{-\frac{\omega_0 t}{2Q_{\mathrm{L}}}}\right)^2, & 0 \leqslant t < W_1 \\ \left[(P_1 - P_{\mathrm{ref}})\left(1 - \mathrm{e}^{-\frac{\omega_0 W_1}{2Q_{\mathrm{L}}}}\right)^2\right] \mathrm{e}^{-\frac{\omega_0 (t-W_1)}{Q_{\mathrm{L}}}}, & t \geqslant W_1 \end{cases} \tag{3-16}$$

将式 (3-16) 代入式 (3-9)，得到矩形输入脉冲下 E_{acc} 在时域上的表达式：

$$E_{\mathrm{acc}} = \begin{cases} \dfrac{{R_{\mathrm{p}}}^*}{R_{\mathrm{E}}} \sqrt{P_1 - P_{\mathrm{ref}}}\left(1 - \mathrm{e}^{-\frac{t}{t_{\mathrm{f}}}}\right), & 0 \leqslant t < W_1 \\ \dfrac{{R_{\mathrm{p}}}^*}{R_{\mathrm{E}}} \left[\sqrt{P_1 - P_{\mathrm{ref}}}\left(1 - \mathrm{e}^{-\frac{W_1}{t_{\mathrm{f}}}}\right)\right] \mathrm{e}^{-\frac{(t-W_1)}{t_{\mathrm{f}}}}, & t \geqslant W_1 \end{cases} \tag{3-17}$$

其中，驻波腔链的建场时间 $t_{\mathrm{f}} = \dfrac{2Q_{\mathrm{L}}}{\omega_0}$。观察式 (3-17) 可知，当 t 和 W_1 均趋于 ∞，即无穷长矩形脉冲输入达到稳态时，式 (3-17) 退化为式 (3-9)。根据冷测的结果，单腔加速结构在工作频率的功率反射系数小于 0.005，式 (3-17) 中的反射功率 P_{ref} 可以忽略不计。实际高梯度实验中稳态时利用功率计测量到的反射功率通常小于入射功率的 1%。

由于 Choke-mode 单腔加速结构的建场时间 t_{f} 较长（约为 100 ns），采用脉宽为数百纳秒的矩形输入脉冲时，在加速结构内建立的电场不平，加速梯度随时间呈三角形分布，如图 3.12 所示。

为了在加速结构中获得长脉宽的稳定加速电场，实验中采用阶梯形输入脉冲，通过调整两个阶梯的幅值比例，可以在第二个阶梯中获得稳定的平顶电场，如图 3.13 所示。实验中提升脉冲宽度由增加第二个阶梯的宽度来实现。在没有明确指出的情况下，Choke-mode 单腔加速结构实验中的脉冲宽度为阶梯型输入脉冲的总脉宽。

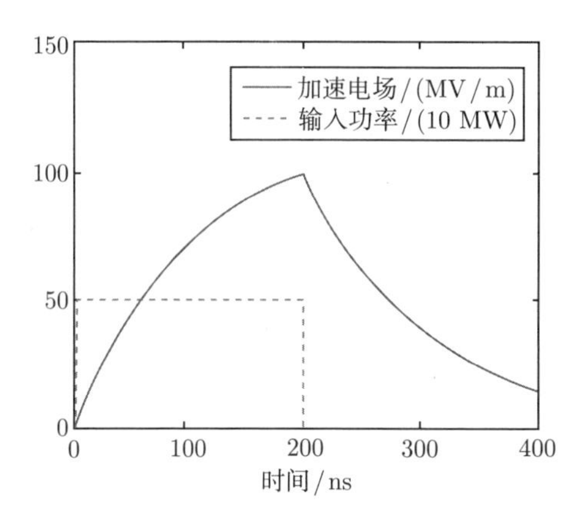

图 3.12　矩形输入脉冲与在加速结构中建立的加速电场

图中实线为 200 ns 矩形输入脉冲，虚线为输入脉冲在 THU-CHK-D1.26-G1.68 单腔加速结构中建立的加速电场。其中矩形脉冲的功率为 5 MW

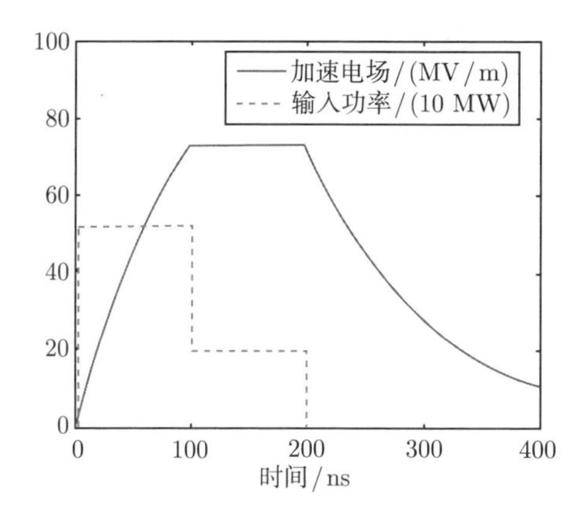

图 3.13　阶梯形输入脉冲与在加速结构中建立的加速电场

图中实线为 200 ns 阶梯形输入脉冲，虚线为输入脉冲在 THU-CHK-D1.26-G1.68 单腔加速结构中建立的加速电场。其中第一个阶梯的功率为 5.24 MW，脉冲宽度为 100 ns；第二个阶梯的功率为 2 MW，脉冲宽度为 100 ns

下面对实际实验中阶梯形输入脉冲在加速结构中建立的电场进行计算。假设输入的第一个阶梯中的输入功率为 P_1，脉冲宽度为 W_1，输入的第二个阶梯中的输入功率为 P_2，脉冲宽度为 W_2，基于式 (3-17) 中矩形输入脉冲时的加速梯度表达式，并忽略反射功率，阶梯形输入脉冲下加速梯度 E_{acc} 在时域上的表达式为

$$E_{\mathrm{acc}}=\begin{cases}\dfrac{{R_{\mathrm{p}}}^*}{R_{\mathrm{E}}}\sqrt{P_1}\left(1-\mathrm{e}^{-\frac{t}{t_{\mathrm{f}}}}\right), & 0\leqslant t<W_1\\ \dfrac{{R_{\mathrm{p}}}^*}{R_{\mathrm{E}}}\left[\sqrt{P_1}\left(1-\mathrm{e}^{-\frac{W_1}{t_{\mathrm{f}}}}\right)\mathrm{e}^{-\frac{t-W_1}{t_{\mathrm{f}}}}+\right.\\ \left.\sqrt{P_2}\left(1-\mathrm{e}^{-\frac{t-W_1}{t_{\mathrm{f}}}}\right)\right], & W_2\leqslant t<W_1+W_2\\ \dfrac{{R_{\mathrm{p}}}^*}{R_{\mathrm{E}}}\left[\sqrt{P_1}\left(1-\mathrm{e}^{-\frac{W_1}{t_{\mathrm{f}}}}\right)\mathrm{e}^{-\frac{W_2}{t_{\mathrm{f}}}}+\right.\\ \left.\sqrt{P_2}\left(1-\mathrm{e}^{-\frac{W_2}{t_{\mathrm{f}}}}\right)\right]\left(1-\mathrm{e}^{-\frac{t-W_1-W_2}{t_{\mathrm{f}}}}\right), & t\geqslant W_1+W_2\end{cases}\tag{3-18}$$

当 $\sqrt{P_2}=\sqrt{P_1}\left(1-\mathrm{e}^{-\frac{W_1}{t_{\mathrm{f}}}}\right)$ 时，式 (3-18) 第二项 $E_{\mathrm{acc}}=\dfrac{{R_{\mathrm{p}}}^*}{R_{\mathrm{E}}}\times\sqrt{P_2}$ 为常数，表明在加速结构中获得了稳定的加速梯度。该表达式与式 (3-9) 相同，说明在第二个阶梯内建立起的电场与无穷长矩形脉冲输入（功率为 P_2）达到稳态时的电场相同。在实验中利用 Tektronix AFG3102 系列函数发生器产生阶梯形信号，利用 IQ 调制器（型号为 Candox Systems CDX-KEK037）将阶梯形信号与 Shield-B 功率源信号发生器（型号为 Agilent Technologies E8247C）输出的 11.424 GHz 微波信号混频后，得到阶梯形高频微波信号。

3.3 电子倍增的可能性分析

由于 choke 结构类似于双平板结构，且具有沿平板法向的电场分布，实验中可能会引起严重的电子倍增效应。为了探索实验中发生电子倍增的可能性，本节开展了相关分析研究。

电子动量 $\boldsymbol{p}=m_{\mathrm{e}}\gamma\boldsymbol{v}$。其中 m_{e} 是电子的静止质量；γ 是电子的相对论因子；$\boldsymbol{v}$ 是电子的速度。由运动方程知

$$\begin{cases}\boldsymbol{F}=\dfrac{\mathrm{d}\boldsymbol{p}}{\mathrm{d}t}\\ \boldsymbol{v}=\dfrac{\mathrm{d}\boldsymbol{x}}{\mathrm{d}t}\end{cases}\tag{3-19}$$

其中，$\boldsymbol{x}$ 是电子的位置，结合式 (3-19) 和电子动量的定义可得

$$m_{\mathrm{e}}\frac{\mathrm{d}\gamma}{\mathrm{d}t}\frac{\mathrm{d}\boldsymbol{x}}{\mathrm{d}t}+m_{\mathrm{e}}\gamma\frac{\mathrm{d}^2\boldsymbol{x}}{\mathrm{d}t^2}=\boldsymbol{F}\tag{3-20}$$

将式 (3-20) 两边点乘 $\boldsymbol{v}$，经化简可得

$$\boldsymbol{F}\cdot\boldsymbol{v}=m_{\mathrm{e}}c^2\frac{\mathrm{d}\gamma}{\mathrm{d}t} \tag{3-21}$$

将式 (3-21) 代入式 (3-20)，得到电子的运动方程

$$\frac{\mathrm{d}^2\boldsymbol{x}}{\mathrm{d}t^2}=\frac{1}{m_{\mathrm{e}}\gamma}\left[\boldsymbol{F}-\frac{1}{c^2}\left(\frac{\mathrm{d}\boldsymbol{x}}{\mathrm{d}t}\cdot\boldsymbol{F}\right)\frac{\mathrm{d}\boldsymbol{x}}{\mathrm{d}t}\right] \tag{3-22}$$

电子在电磁场中所受的作用力为

$$\boldsymbol{F}=e\left(\boldsymbol{E}+\frac{\mathrm{d}\boldsymbol{x}}{\mathrm{d}t}\boldsymbol{B}\right) \tag{3-23}$$

其中，$\boldsymbol{E}$ 为电场强度；$\boldsymbol{B}$ 为磁场强度；e 为电子电荷量 (约 $1.602\,177\times 10^{-19}$ C)。将式 (3-23) 代入式 (3-22)，可得电子在电磁场中的运动方程为

$$\frac{\mathrm{d}^2\boldsymbol{x}}{\mathrm{d}t^2}=\frac{e}{m_{\mathrm{e}}\gamma}\left[\boldsymbol{E}+\frac{\mathrm{d}\boldsymbol{x}}{\mathrm{d}t}\times\boldsymbol{B}-\frac{1}{c^2}\left(\frac{\mathrm{d}\boldsymbol{x}}{\mathrm{d}t}\cdot\boldsymbol{E}\right)\frac{\mathrm{d}\boldsymbol{x}}{\mathrm{d}t}\right] \tag{3-24}$$

下面对 choke 内 D 区域的电子倍增效应进行计算，由于 choke 具有圆周对称的结构，且 D 区域电磁场的分布为横向电场和角向磁场，可以利用双平板模型进行简化计算，如图 3.14 所示。

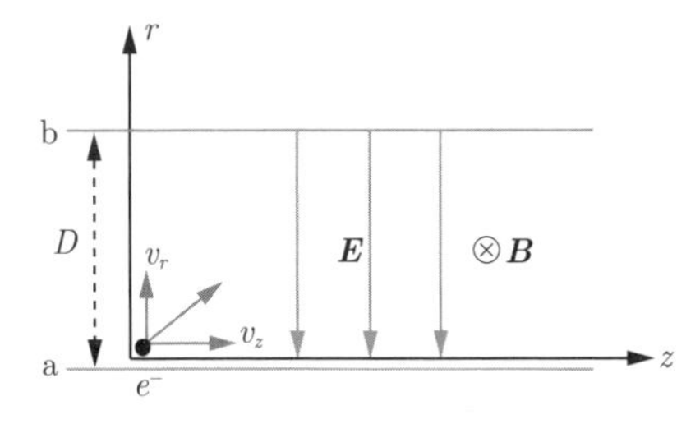

图 3.14　choke 内部电子运动的双平板模型

b、a 为 choke 中 D 区域的上、下极板，极板间距离为 D，THU-CHK-D1.26-G1.68 的 D 为 1.26 mm。沿极板法向和极板面分别建立 r 向和 z 向的坐标系。实线箭头表示电场分布，圆圈表示磁场分布且方向向内。实心圆点为 a 极板发射的电子，电子在极板间运动时的 r 向速度为 v_r，z 向速度为 v_z

由于 choke 内为交变电磁场，对于指定的极板面，在研究中只需考虑半个周期内不同相位发射的电子。令电场为正弦分布，图 3.14 中所示的电场和磁场的方向均为正方向，计算 a 极板发射电子的运动情况。将电子的运动分离为 r 向和 z 向的运动，速度分别为 v_r 和 v_z，式 (3-24) 可以写为

$$\begin{cases} \dfrac{\mathrm{d}v_r}{\mathrm{d}t} = \dfrac{e}{m_e\gamma}\left(E - Bv_z - \dfrac{E}{c^2}{v_r}^2\right) \\ \dfrac{\mathrm{d}v_z}{\mathrm{d}t} = \dfrac{e}{m_e\gamma}\left(Bv_r - \dfrac{E}{c^2}v_r v_z\right) \end{cases} \tag{3-25}$$

当电子从 a 极板发射时，利用式 (3-25) 和龙格库塔法对粒子在极板间的运动情况进行模拟 [147]。当输入功率为 1 MW 且达到稳态时，不同 Choke-mode 单腔加速结构 choke 区域的最大电场均大于 70 MV/m，电场高于 35 MV/m 的 choke 区域的最大磁场不超过 60 kA/m。实验中对 1 MW 输入脉冲下最小电场和最大磁场的情形进行模拟，即电场强度为 70 MV/m，磁场强度为 60 kA/m。假设电子初始能量为 5 eV，出射速度与 a 极板垂直，发射相位为 10° 时的运动情况如图 3.15 所示。该电子在发射后 0.019 ns 时 r 向运动了 1.26 mm，已抵达 b 侧极板，在 z 向运动了 0.05 mm，z 向运动相较于 r 向运动非常缓慢，表明该相位下电场力主导了电子的运动。抵达 b 侧极板时的能量为 90 keV，此时电场的相位为 89°。

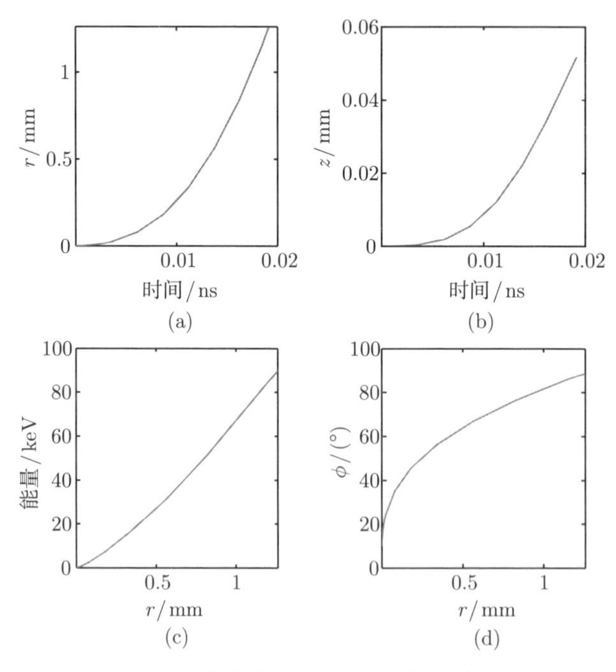

图 3.15　初始相位 10° 电子的运动情况

(a) r 向位置与时间的关系；(b) z 向运动与时间的关系；
(c) 能量随 r 向位置的关系；(d) 电场相位随 r 向位置的关系

在双极板模型中，电子倍增的出现需要满足以下条件：

(1) 轰击到极板上的电子能量在一定区间内。二次电子产率随电子能量具有一定分布，当轰击电子能量为 0.1~1.2 keV 时，具有较高的二次电子产率，能够在极板上轰击出二次电子 [147−148]。

(2) 被轰击出的二次电子能离开结构表面。反射二次电子时电场相位满足出射条件，即电场对电子的作用力与电子出射速度同向。

(3) 以上过程形成谐振。当被轰击出的二次电子能够重复上述过程时，将产生电子倍增效应。

对于图 3.15 中所示的 10° 发射的电子，当抵达 b 极板时，电子能量为 90 keV，该能量下的二次电子产率很低，且此时电场的相位为 89°，b 极板无法出射电子，因此无法产生电子倍增效应。

为了研究 choke 内是否会发生电子倍增效应，实验中利用双极板模型对在不同相位发射的电子进行了运动模拟和轨迹追踪，由于实际中的 choke 间隙尺寸为 1.26~2.5 mm，分别对 D=1.26 mm、D=1.88 mm 和 D=2.5 mm 的双极板进行了模拟，结果如图 3.16 所示，该模拟中的电场强度为 70 MV/m，磁场强度为 60 kA/m，当电子抵达极板边界时停止模拟。

由图 3.16(a) 和图 3.16(b) 可知，0°~100° 发射的电子会在一个微波周期内抵达 b 极板，但由于抵达 b 极板时的能量较高（大于 5 keV），无法产生电子倍增效应。对于 130°~180° 发射的电子，在一个微波周期内会返回 a 极板，从图 3.16(c) 知，返回 a 极板时的电场相位为 180°~330°，不满足 a 极板电子出射的相位条件，无法产生电子倍增效应。对于在 100°~130° 发射的电子，由于其间电子的运动存在跳变，即相位靠前发射的电子会抵达 b 极板，而相位偏后发射的电子会返回 a 极板，产生跳变的原因是电子在抵达 b 极板时作减速运动，相位偏后发射的电子将在抵达 b 极板前反向运动，返回 a 极板。图 3.17 给出了初始相位 126° 时电子在间隙为 1.26 mm 双极板中的运动情况，该电子在接近 b 极板的位置开始反向运动。又由图 3.16(a) 可知，对于在 70° 到跳变相位前发射的电子，抵达 b 极板时的能量随着初始相位的增大而递减，所以在发生跳变前，存在着二次电子产率较高（抵达 b 极板时的能量为 0.1~1.2 keV）的危险相位区间。由图 3.16(d) 可知，z 向运动相较于 r 向运动非常缓慢，电场力为电子运动的主导因素。

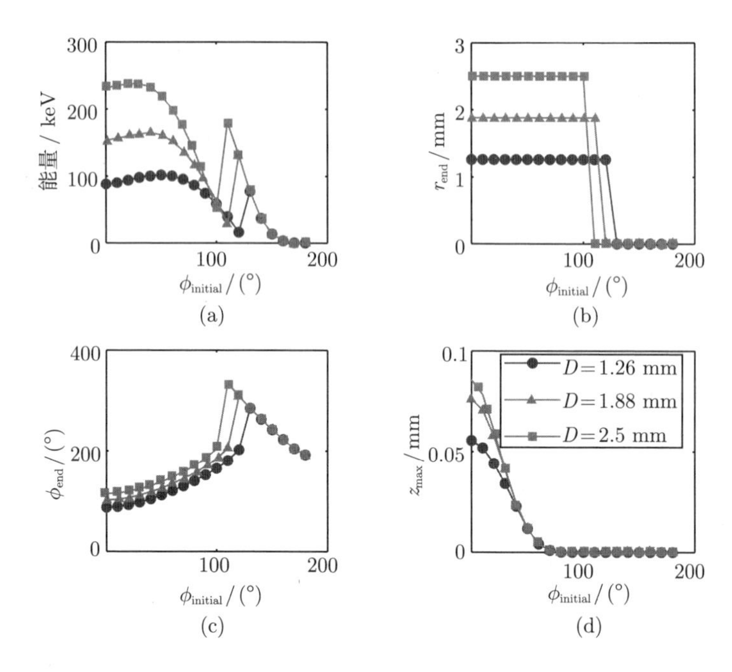

图 3.16　不同初始相位 ϕ_{initial} 电子的运动情况

圆点为 D=1.26 mm 的双极板模拟结果，三角为 D=1.88 mm 的双极板模拟结果，方形为 D=2.5 mm 的双极板模拟结果

(a) 最终能量随 ϕ_{initial} 的变化曲线；(b) 最终 r 向位置随 ϕ_{initial} 的变化曲线；(c) 最终相位 ϕ_{end} 随 ϕ_{initial} 的变化曲线；(d) 运动过程中最大 z 向位移 $z_{\max}$ 随 ϕ_{initial} 的变化曲线

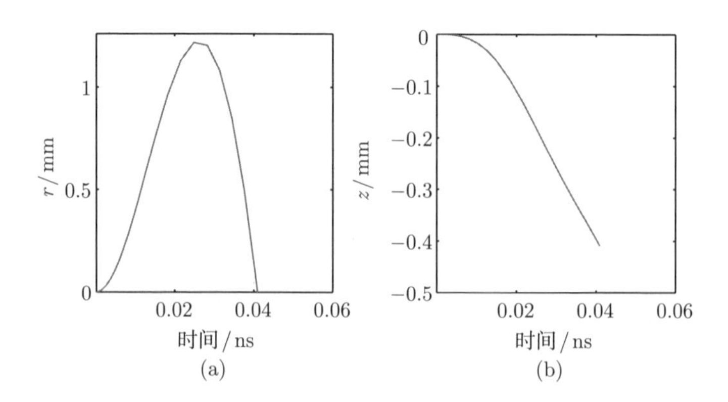

图 3.17　初始相位 126° 电子在 D=1.26 mm 双极板中的运动情况

(a) r 向位置与时间的关系；(b) z 向运动与时间的关系；(c) 能量随 r 向位置的关系；(d) 电场相位随 r 向位置的关系

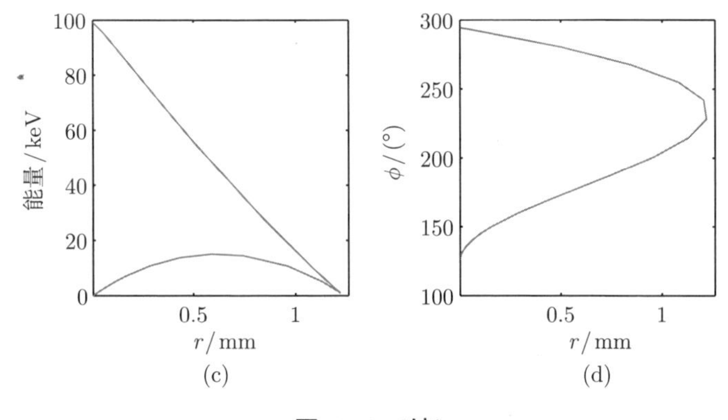

图 3.17（续）

为了研究该危险相位区间，降低扫描步长，对 100°~130° 发射的电子进行了计算，结果如图 3.18 所示。由图 3.18(c) 可知，虽然跳变前具有较小的危险相位区间，但该初始相位区间内发射的电子抵达 b 极板时的电场相位为 210°~240°，此时轰击出的二次电子的运动情况与初始相位为

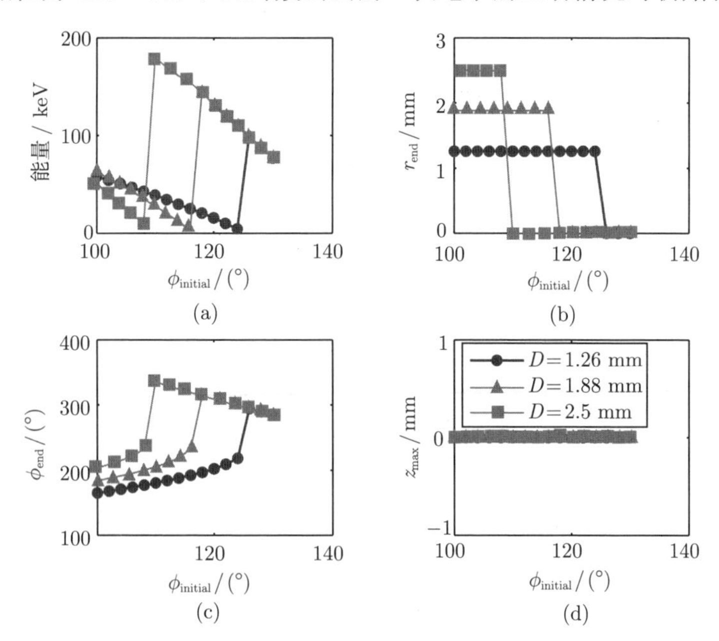

图 3.18　初始相位在 100°~130° 的电子运动情况

(a) 最终能量随 ϕ_{initial} 的变化曲线；(b) 最终 r 向位置随 ϕ_{initial} 的变化曲线；(c) 最终相位 ϕ_{end} 随 ϕ_{initial} 的变化曲线；(d) 运动过程中最大 z 向位移 $z_{\max}$ 随 ϕ_{initial} 的变化曲线

30°～60° 的电子相同，无法引起谐振现象，因此该危险区间内发射的电子同样无法引起电子倍增效应。

利用上述模拟过程，对电子和二次电子的运动进行追踪，当电子抵达极板时，若能量处于 0.1～1.2 keV，则轰击出初始能量 5 eV、出射速度与极板垂直的二次电子，统计该过程中电子撞击极板的次数。若轰击能量在上述区间以外时，终止模拟过程。通过改变电子的初始反射相位，发现输入功率为 1 MW 时，电子撞击极板的最大次数为两次。利用 CST 的粒子追踪模块进行计算，结果与以上模拟计算结果相同，没有观察到电子倍增现象。

以上计算结果表明，当输入功率为 1 MW 时，已有 Choke-mode 加速结构的方案中不会出现电子倍增效应。随着输入功率的提升，choke 间的电场也会相应增加，电子将会在双极板运动中得到更高的能量，当电子轰击极板时的二次电子产额低，同样不会引起电子倍增效应。后续的实验研究中发现所有的单腔加速结构均可稳定工作在 1 MW 以上的输入功率下，说明电子倍增效应不是影响本书中 Choke-mode 加速结构高梯度性能的主要因素。

3.4　Choke-mode 加速结构的制备

Choke-mode 加速结构的工程设计由 6 个盘片组成，含 choke 结构的中间测试腔由两个盘片组合而成，如图 3.19 所示。由于 Choke-mode 加速结构圆周对称，所有的盘片均由车床加工，盘片如图 3.20 所示。

与 T24_THU_#1 的制备过程类似，实验首先对 Choke-mode 单腔加速结构的盘片进行清洗和化学浸蚀处理，之后利用扩散焊将主腔体的盘片焊接起来。观察图 3.19 可知，Choke-mode 单腔加速结构的焊接面不在同一条直线上，为了确保焊接后的单腔加速结构不漏气，实验中加工了多个 Choke-mode 扩散焊试验腔，并对其进行了扩散焊试验。结果表明 THU-CHK-D1.26-G1.68、THU-CHK-D1.26-G2.1 和 THU-REF 的试验件未出现漏气现象，但随着 choke 尺寸的增大，THU-CHK-D1.89-G2.1、THU-CHK-D2.21-G2.1 和 THU-CHK-D1.88-G2.5 的试验件出现了漏气率过高的现象。推测可能是由随着 choke 尺寸的扩大，图 3.19 中所示的中间腔（4 号腔）盘

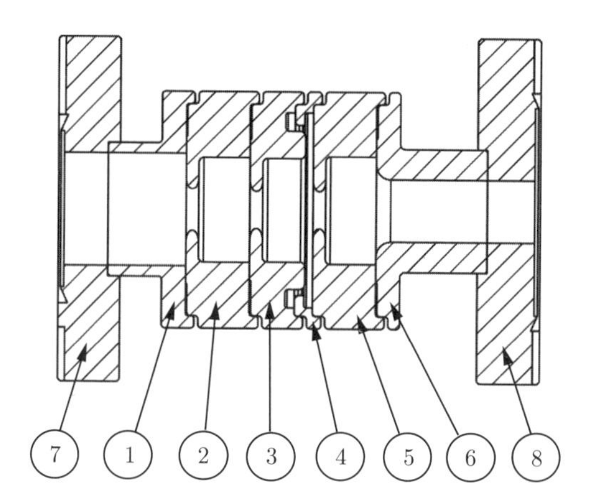

图 3.19　THU-CHK-D1.26-G1.68 的工程图

1~6 号为主腔体盘片；7 号和 8 号分别为 Pearson 法兰 [77] 和标准 CF35 法兰

图 3.20　Choke-mode 单腔加速结构的盘片

片太薄和机械强度不足所导致的。因此对于这三个 choke 尺寸较大的单腔加速结构，实验中采用了如图 3.21 所示的设计方案。与图 3.19 中的设计方案相比，新的设计方案增加了 4 号腔盘片的厚度。修改工程图设计后，后三个 Choke-mode 单腔加速结构在焊接后未出现漏气的现象。

为了评估焊接过程中出现的形变量，实验中在试验件的焊接完成后利用线切割将试验腔沿轴线切成两半，如图 3.22 所示。利用 Nikon mm-40 光学显微镜对内表面的尺寸进行测量，测量结果表明扩散焊带来的形变在 10 μm 以下。

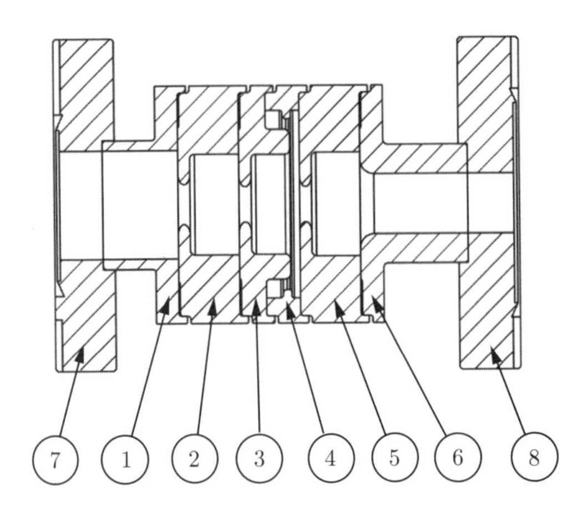

图 3.21　THU-CHK-D1.89-G2.1 的工程图

1~6 号为主腔体盘片；7 号和 8 号分别为 Pearson 法兰和标准 CF35 法兰

图 3.22　Choke-mode 扩散焊试验腔的切片

该试验件为 THU-CHK-D1.26-G1.68

完成主腔体的扩散焊接后，利用金铜焊料将两端的法兰焊接至主腔体上。焊接前后的冷测结果表明谐振模式的频率没有变化。由于高梯度实验中加速结构的工作温度为 30℃，因此在该温度下将 Choke-mode 单腔加速结构调谐至 11.424 GHz。THU-CHK-D1.89-G2.1 调谐后的微波冷测结果如图 3.23 所示。

单腔加速结构经过三天 500℃的真空烘烤后，利用真空阀真空密封后寄往 KEK 进行高梯度实验研究，部分密封好、真空的单腔加速结构如图 3.24 所示。在 KEK 进行的微波冷测结果与在清华大学加速器实验室测试的结果一致，最终的冷测结果和修正后的 R_{p}^{*} 如表 3.5 所示。

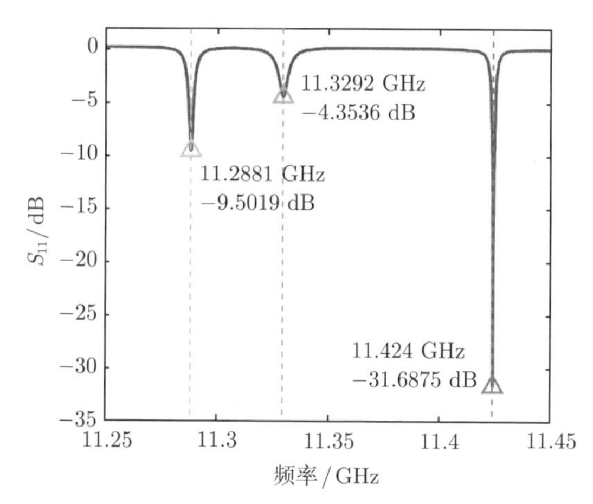

图 3.23 THU-CHK-D1.89-G2.1 调谐后的微波冷测结果

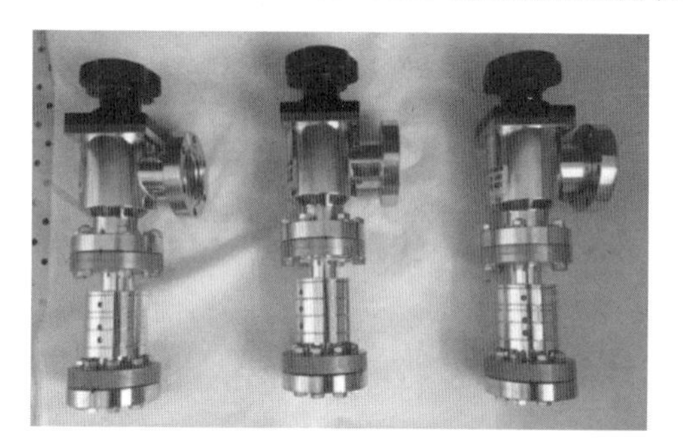

图 3.24 真空阀密封后的单腔加速结构

从左到右分别是 THU-CHK-D1.26-G1.68、THU-REF 和 THU-CHK-D1.26-G2.1

表 3.5 单腔加速结构的冷测参数表

结构名称	Q_0 ①	耦合系数 ②	$R_p^*/[\mathrm{MV}/(\mathrm{m}\sqrt{\mathrm{MW}})]$
THU-CHK-D1.26-G1.68	7257	0.890	106.7
THU-CHK-D1.26-G2.1	7054	0.888	102.9
THU-CHK-D1.89-G2.1	7777	0.910	108.2
THU-CHK-D2.21-G2.1	8156	0.990	111.7
THU-CHK-D1.88-G2.5	7243	0.970	102.8
THU-REF	8942	1.060	129.4

① 已利用式 (3-7) 修正到 30°C，即高梯度实验环境下的品质因数 ${Q_0}^{\mathrm{exp}}$；

② 由于在 KEK 冷测时使用的模式耦合器与在清华大学加速器实验室调谐时（已调谐至临界耦合）使用的不同，KEK 的冷测结果表明耦合系数偏低，但工作模式的 S_{11} 小于 -24 dB，仍在可以接受的范围内。

Choke-mode 单腔加速结构在高梯度实验平台上的安装工作由 KEK 的员工进行，在打开加速结构和安装的过程中始终保持着从结构内部流往外部的氮气气流。

3.5 小　　结

本章通过改变 choke 区域的最大电场和 choke 的间隙尺寸，在保证结构阻尼性能的同时，设计了多个 Choke-mode 单腔加速结构。利用双平板模型开展了在 choke 中发生电子倍增效应的可能性研究，结果表明当输入功率达到 1 MW 以上时不会发生电子倍增效应。基于已有的 X 波段高梯度行波加速结构制备技术，对设计的单腔加速结构进行了加工、焊接、调谐、真空烘烤等工作。调谐后的微波冷测性能与设计一致。在此基础上开展的高梯度实验研究将在后续章节中介绍。

第 4 章　Choke-mode 加速结构的射频击穿现象研究

第 2 章利用 X 波段高梯度行波加速结构开展了实验方法研究，验证了清华大学加速器实验室高梯度加速结构技术。基于相同的制备技术和实验方法，本书对 X 波段 Choke-mode 加速结构开展高梯度测试。本章侧重介绍 choke 中射频击穿现象的分析，而有关高梯度性能的研究内容将在第 5 章中介绍。

这部分研究是由清华大学加速器实验室和日本高能加速器研究机构合作开展的。

4.1　单腔加速结构的高梯度实验

Choke-mode 单腔加速结构的高梯度实验在 KEK Nextef 的 Shield-B 测试平台上进行，如图 2.7 所示。平台的功率源为 X 波段速调管，工作频率为 11.424 GHz，可以提供重复频率为 50 Hz、峰值功率为 50 MW 的脉冲微波功率。速调管的型号是 Toshiba E3768I。从图 2.7 中可以看出，功率源与待测加速结构相距较远，微波功率由 35 m 长的传输线传送至混凝土屏蔽体内的测试间，如图 2.7 中虚线所示。微波传输线的主体为 WC40 型圆波导，工作模式为 TE_{01} [149]。微波冷测结果表明传输线的插入反射系数为 −1.8 dB [150]，理论上馈入待测加速结构的微波峰值功率可达 33 MW，由于在 Shield-B 实验平台上进行的单腔加速结构实验所需功率较低，实际实验中所达到过的最大峰值功率为 15 MW。图 4.1 展示了 Shield-B 测试间内的情况，微波功率通过 TM_{01} 模式耦合器被输送至待测加速结构中。高梯度实验中利用定向耦合器和法拉第筒采集到的信号来判断射频击穿事件

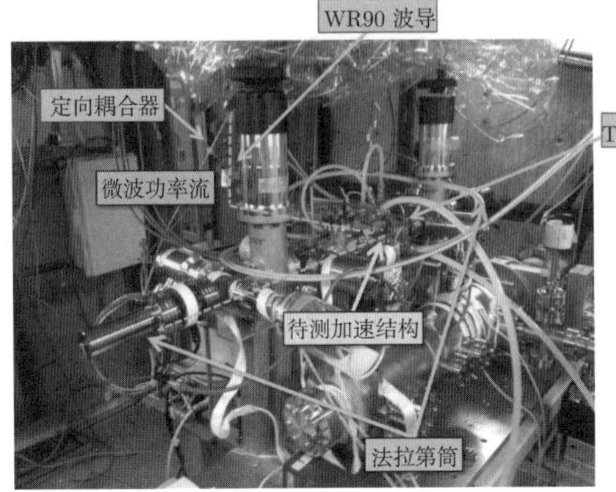

图 4.1　Shield-B 实验平台测试间

的发生。

Choke-mode 单腔加速结构的高梯度实验采取了与行波加速腔链高梯度实验相似的实验策略，老练阶段从 100 ns 的脉宽和几百瓦特的微波功率开始，随后不断增加峰值功率和脉冲宽度。首先在固定的脉宽下提升微波功率，系统将以每 10 s 增加 0.02~0.05 MW 的速度提升功率，直至达到设定的微波功率值。当加速结构在设定的微波功率值下可以稳定运行时，提升设定微波功率值，每次通常提升 0.1~0.5 MW。当加速结构中的无载加速梯度达到当前脉冲宽度下的预期目标数值时，将脉冲宽度提升 50 ns 或 100 ns，随后在新的脉冲宽度下再次从低微波功率开始实验，重复以上过程。整个老练阶段的射频击穿概率控制在 10^{-5}~10^{-4} pulse^{-1}。Shield-B 的实验也被人为地分成了若干个 run，每个 run 通常持续几十至上百个小时。

Shield-B 的实验装置如图 4.2 所示。在功率馈入端和功率截止端分别有两个法拉第筒收集场致发射电流信号。加速结构的下方安置了一台 X 射线探测器，型号为北京滨松光子技术有限公司的 R212 闪烁体光电倍增管探测器。六通管中分别设有反射镜及其调整器、Pickup 天线和观察镜。摄像头通过观察镜和管道内的 45° 反射镜来在线观察待测加速结构内的光信号。两台冷阴极真空计分别安置在待测加速结构的上游和下游来监测加速结构内的真空度。入射波和反射波信号由图 4.1 中所示的定向耦合器采集。

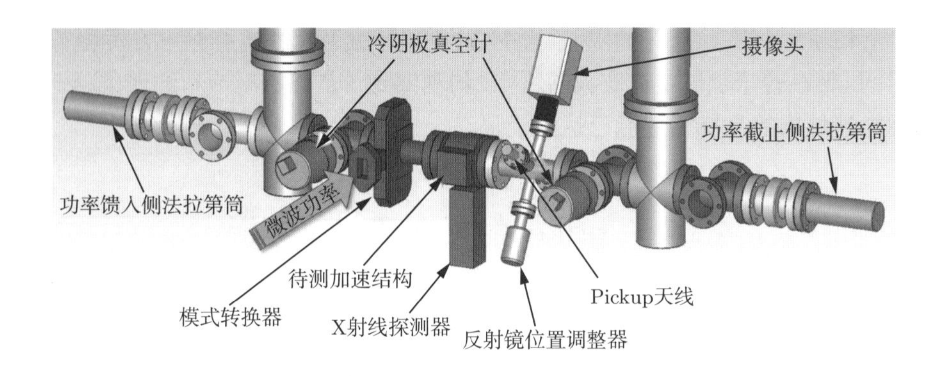

图 4.2　Shield-B 的实验装置

反射波和场致发射电流信号通过低损耗传输线传输至 Teltronix DPO7054 示波器进行观测记录，并被用来作为判断射频击穿是否发生的依据 [68]。当信号诊断系统观察到反射波信号出现异常或场致发射电流信号有剧烈增长时，联锁系统将被触发，停止速调管继续输出微波脉冲，把整个系统暂停 30 s。这段时间足以使被测加速结构中的真空恢复至正常水平，并把触发联锁的脉冲事件数据保存下来。被保存下来的事件可能暗示着射频击穿的发生，在离线数据分析中对其进行进一步核实。联锁被触发后，系统将减少 2%~5% 的微波功率，暂停结束重启系统后将以每 10 s 增加 0.02~0.05 MW 的速度提升功率。与行波多腔加速结构的高梯度实验现象类似，在单腔加速结构的实验中也观察到了普通脉冲射频击穿事件和连续脉冲射频击穿事件这两种射频击穿现象。鉴于连续脉冲射频击穿事件发生在较低的功率水平，除非特别指明，否则本章和第 5 章中关于射频击穿数量和射频击穿概率的研究数据都来源于普通脉冲射频击穿事件。

六个单腔加速结构的高梯度实验信息如表 4.1 所示。

表 4.1　单腔加速结构的高梯度实验信息

结构名称	总微波脉冲数量	总射频击穿数量
THU-CHK-D1.26-G1.68	1.47×10^8	6301
THU-CHK-D1.26-G2.1	1.02×10^8	3603
THU-CHK-D1.89-G2.1	3.68×10^7	1109
THU-CHK-D2.21-G2.1	2.96×10^7	1575
THU-CHK-D1.88-G2.5	1.37×10^8	2535
THU-REF	1.21×10^8	1267

由于受到实验条件的限制，不同加速结构的实验持续了不同的高功率时间，但在各个加速结构实验的后期，均观察到了加速梯度饱和的现象，表明加速结构的高梯度性能已达到极限。

4.2　Choke 射频击穿现象分析

4.2.1　射频击穿信号分析

实验中的正常脉冲信号如图 4.3 所示，典型射频击穿事件的信号如图 4.4 所示。观察图 4.3 所示的反射波波形，阶梯形输入脉冲的第二个阶梯段反射接近 0，表明此时已在加速结构内建立起了稳定的平顶电场。

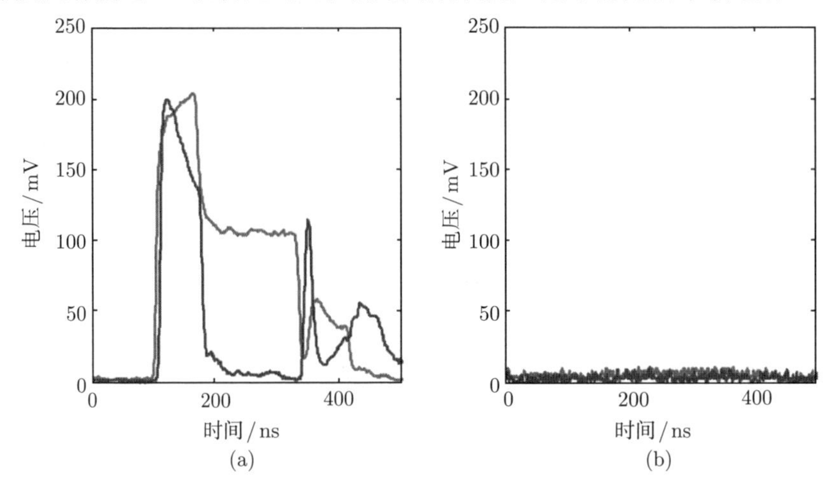

图 4.3　单腔加速结构 350 ns 脉宽（两个阶梯脉宽和）下的正常脉冲信号（见文前彩图）

(a) 定向耦合器收集到的信号，红色曲线为入射微波信号，蓝色曲线为反射微波信号；(b) 法拉第筒收集到的信号，红色曲线为功率馈入端法拉第筒信号，蓝色曲线为功率截止端法拉第筒信号

在对比腔 THU-REF 的实验中，总共收集到 1267 个射频击穿事件，其中含电流激增的射频击穿事件共 1249 个，98.6% 的射频击穿事件都伴有场致发射电流激增的信号，说明当射频击穿事件发生时，实验装置中的法拉第筒对于圆柱腔内激增的场致发射电流具有很好的俘获率，未观察到电流激增信号的射频击穿可能发生在波导或模式耦合器之中。

在实验中，除了观察到如图 4.3 和图 4.4 所示的信号外，还观察到一种反射波波形异常，但没有场致发射电流激增的射频击穿事件，其波形如图 4.5 所示。由于实验中的两个法拉第筒分别位于加速结构的功率馈入端

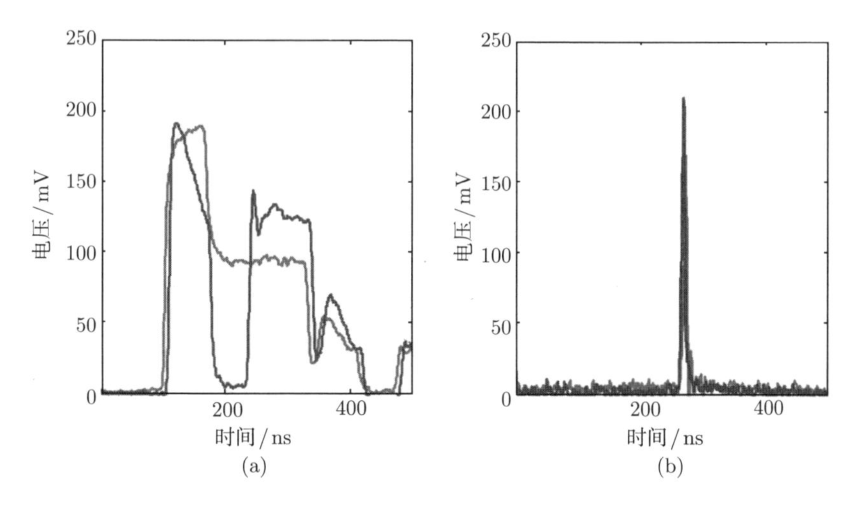

图 4.4 单腔加速结构 350 ns 脉宽（两个阶梯脉宽和）下的典型射频击穿脉冲信号（见文前彩图）

(a) 定向耦合器收集到的信号，红色曲线为入射微波信号，蓝色曲线为反射微波信号；(b) 法拉第筒收集到的信号，红色曲线为功率馈入端法拉第筒信号，蓝色曲线为功率截止端法拉第筒信号

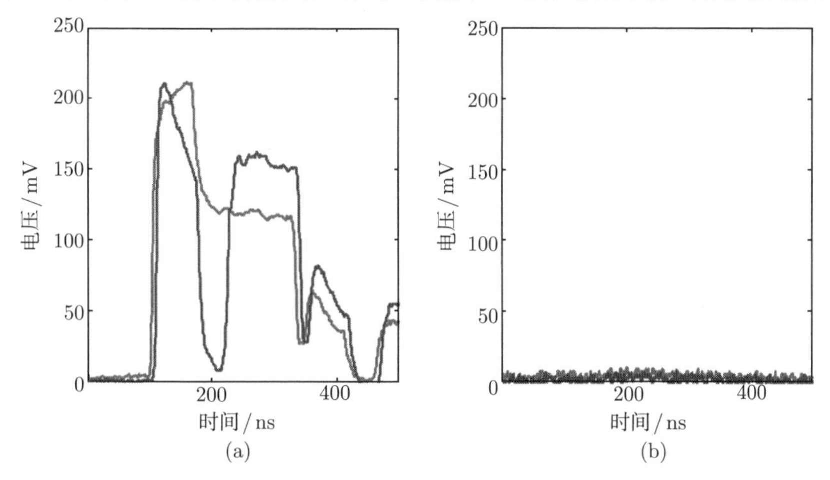

图 4.5 单腔加速结构 350 ns 脉宽（两个阶梯脉宽和）下无场致发射电流激增的射频击穿脉冲信号（见文前彩图）

(a) 定向耦合器收集到的信号，红色曲线为入射微波信号，蓝色曲线为反射微波信号；(b) 法拉第筒收集到的信号，红色曲线为功率馈入端法拉第筒信号，蓝色曲线为功率截止端法拉第筒信号

和功率截止端，而 choke 处于远离腔体轴线的外径向线处，choke 内发射的电子难以被法拉第筒所接收，因此这种信号是发生在 choke 内的射频击穿事件，而图 4.4 中所示的射频击穿事件发生在圆柱腔内或盘荷孔径区域。

在 THU-CHK-D1.26-G1.68 和 THU-CHK-D1.26-G2.1 的实验中出现了大量与上述情况类似的事件，高梯度实验后期的射频击穿事件中大多没有发现场致发射电流激增的信号。而在 THU-CHK-D1.89-G2.1、THU-CHK-D2.21-G2.1 和 THU-CHK-D1.88-G2.5 的实验中一直能观察到伴有场致发射电流激增的射频击穿事件。

THU-CHK-D1.26-G1.68 的射频击穿数量统计结果如图 4.6 所示，蓝色、红色和青色的点分别展示了 E_{acc}、射频击穿的累计数目和含有场致发射电流激增的射频击穿事件的累计数目随脉冲数的变化情况。可以观察到仅在实验初期收集到的射频击穿事件伴有场致发射电流的激增，在 1.0 $\times\ 10^7$ 个微波脉冲之后，绝大多数射频击穿事件均没有激增的场致发射电流信号。图 4.6(b) 中红色曲线和绿色曲线分离后加速结构的梯度没有进一步的提升，表明 choke 内的严重射频击穿限制了加速结构梯度的进一步提升。

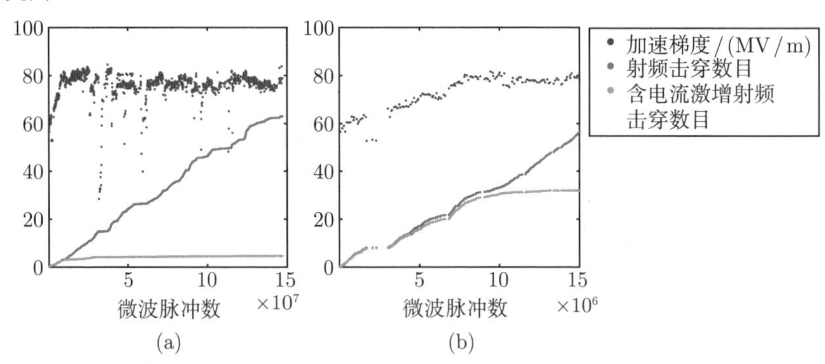

图 4.6 THU-CHK-D1.26-G1.68 两种类型射频击穿事件和微波脉冲数关系（见文前彩图）

(a) 蓝点为加速梯度，红点为射频击穿数目除以 100，绿色的点为含有电流激增的射频击穿数目除以 100；(b) 前 1.5×10^7 个微波脉冲的情况，蓝点为加速梯度，红点为射频击穿数目除以 10，绿色的点为含有电流激增的射频击穿数目除以 10

随着连续射频击穿事件的出现，THU-CHK-D1.26-G2.1 的实验伴有场致发射电流激增的射频击穿事件变得稀少。两种类型射频击穿事件和微波脉冲数关系如图 4.7 所示。由图 4.7 知仅在实验初期观察到伴有场致发射电流激增的射频击穿事件，这与 THU-CHK-D1.26-G1.68 的实验现象类似。THU-CHK-D1.26-G2.1 在 5.9×10^6 个微波脉冲之后，绝大多数射频击穿事件均没有激增的场致发射电流信号。

THU-CHK-D1.89-G2.1 的实验中同样出现了无场致发射电流激增的射频击穿事件，但与 THU-CHK-D1.26-G1.68 和 THU-CHK-D1.26-G2.1 不同的是，整个实验过程中一直能观察到伴有场致发射电流激增的射频击穿事件，如图 4.8 所示。由图中结果可知，在该加速结构的实验后期即加速梯

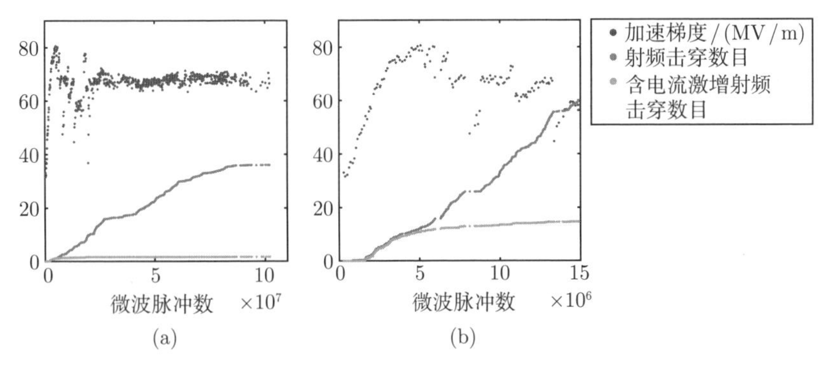

图 4.7　THU-CHK-D1.26-G2.1 两种类型射频击穿事件和微波脉冲数关系（见文前彩图）

(a) 蓝点为加速梯度，红点为射频击穿数目除以 100，绿色的点为含有电流激增的射频击穿数目除以 100；(b) 前 1.5×10^7 个微波脉冲的情况，蓝点为加速梯度，红点为射频击穿数目除以 10，绿色点为含有电流激增的射频击穿数目除以 10

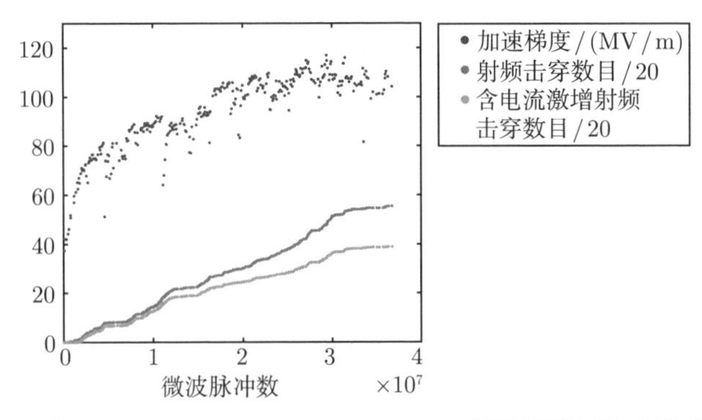

图 4.8　THU-CHK-D1.89-G2.1 两种类型射频击穿事件和微波脉冲数关系（见文前彩图）

蓝点为加速梯度；红点为射频击穿数目除以 20；绿色的点为含有电流激增的射频击穿数目除以 20

度达到了饱和时，既有 choke 内的射频击穿事件，也有圆柱腔内的射频击穿事件。这表明 choke 不再是单一限制加速结构达到更高加速梯度的因素，圆柱腔内及盘荷孔径上的射频击穿也在制约着加速梯度的进一步提升。

THU-CHK-D1.88-G2.5 的实验结果与 THU-CHK-D1.89-G2.1 的实验结果类似，当 THU-CHK-D2.21-G2.1 和 THU-CHK-D1.88-G2.5 的加速梯度达到饱和时，仍可以观察到伴有场致发射电流激增的射频击穿事件，分别如图 4.9 和图 4.10 所示。

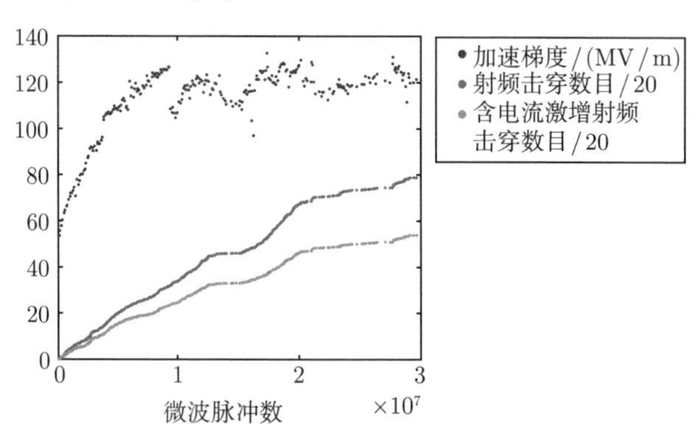

图 4.9 THU-CHK-D2.21-G2.1 两种类型射频击穿事件和微波脉冲数关系（见文前彩图）

蓝点为加速梯度；红点为射频击穿数目除以 20；绿色的点为含有电流激增的射频击穿数目除以 20

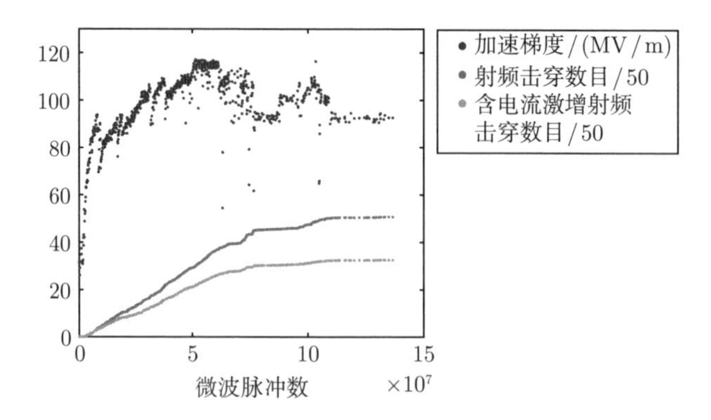

图 4.10 THU-CHK-D1.88-G2.5 两种类型射频击穿事件和微波脉冲数关系（见文前彩图）

蓝点为加速梯度；红点为射频击穿数目除以 50；绿色的点为含有电流激增的射频击穿数目除以 50

4.2.2　Choke-mode 加速结构表面形态研究

由于 THU-CHK-D1.26-G1.68 和 THU-CHK-D1.26-G2.1 与 THU-CHK-D1.89-G2.1、THU-CHK-D2.21-G2.1 和 THU-CHK-D1.88-G2.5 具有不同的射频击穿事件类型，为了深入研究产生这一现象的原因，实验后分别选择 THU-CHK-D1.26-G1.68 和 THU-CHK-D1.89-G2.1 进行了内表面观察。

利用车床将 THU-CHK-D1.26-G1.68 沿如图 4.11(a) 所示的 B1 和 B2 线分两次切开，第一次沿 B1 线切开后分别对两个结构进行了观察，观察视角如图 4.11(b) 所示，观察结果如图 4.12 所示，视角 a 中 choke 的凹槽

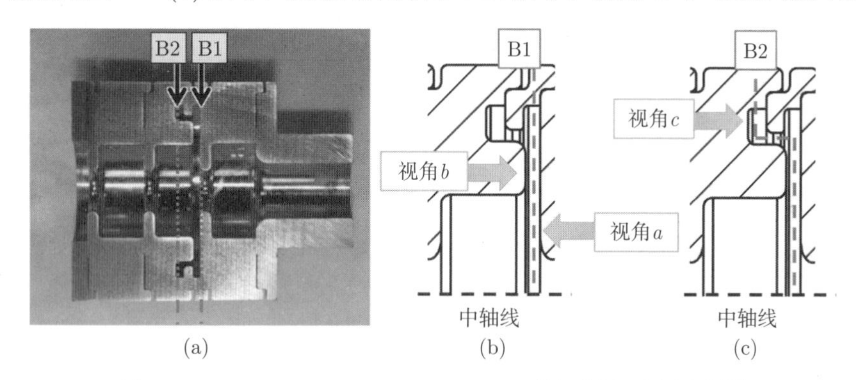

(a)　(b)　(c)

图 4.11　THU-CHK-D1.26-G1.68 的切割和观察示意图

(a) 切割示意图；(b) 第一次切割后的观察示意图；(c) 第二次切割后的观察示意图

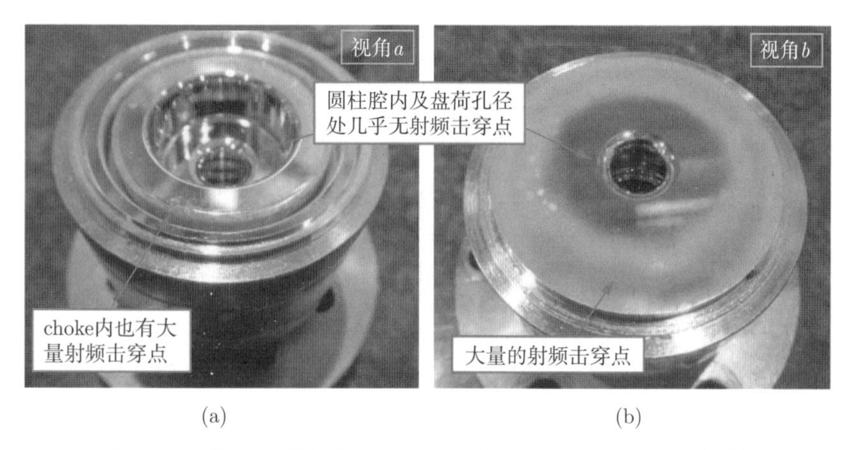

(a)　(b)

图 4.12　沿 B1 线切开 THU-CHK-D1.26-G1.68 后的情况

(a) 图 4.11 中视角 a 的观察结果；(b) 图 4.11 中视角 b 的观察结果

内比较粗糙，视角 b 中外侧区域光洁度较差，而盘荷孔径区域以及内部圆柱腔区域的表面非常光滑，仍保持了镜面状态。

第二次沿 B2 线切开后的情况如图 4.13(a) 所示，端面部分非常光滑，保持了镜面状态，而内径处较为粗糙。使用 KEYENCE VE-8800 电子显微镜对内径处进行了观察，如图 4.13(b) 所示，图中视角为将 a 抬起 50° 后从下往上观察。其中端面指与加速结构横向平行的面，弯曲部分为圆弧角，侧面是与加速结构纵向平行的面，即内径部分。

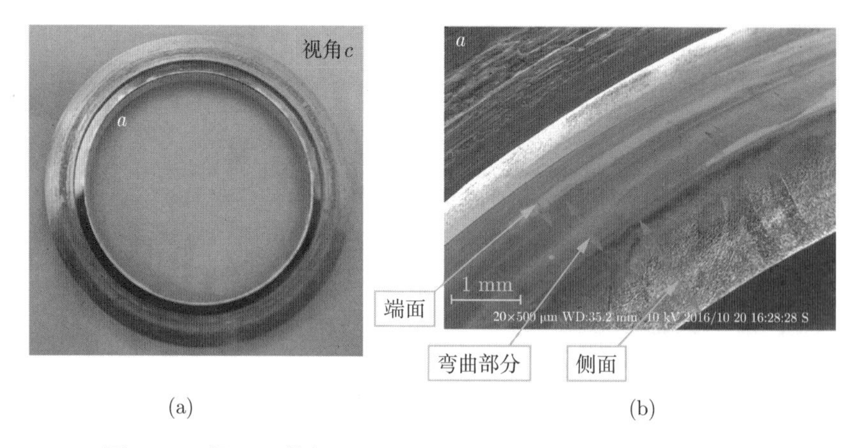

图 4.13　沿 B2 线切开 THU-CHK-D1.26-G1.68 后的情况

(a) 加速结构经 B1 和 B2 两次切割后得到的中间环状物，观察视角为图 4.11 中的视角 c；(b) 圆环 a 处的电镜观察结果，观察视角为将 a 抬起 50° 后从下往上观察

从以上观察结果可知，choke 内发生了较为严重的射频击穿，而圆柱腔内及盘荷孔径区域未发生严重的射频击穿，同时在 choke 区域观察到的损伤沿圆周具有均匀分布，说明 choke 内的射频击穿是限制提升结构加速梯度的重要因素。为了更好地了解 Choke-mode 单腔加速结构内射频击穿点的形态，实验中在结构的不同位置选择了 12 个观察点，利用电子显微镜进行了观察，如图 4.14 所示。观察结果如图 4.15 所示。

由 Choke-mode 单腔加速结构内表面的观察结果可知，B、C、J 处出现了较为严重的射频击穿点，A、F、G、H、I、K 处的形态类似，出现了溅射特征，而盘荷孔径 E 处没有观察到射频击穿点。这说明实验中观察到的射频击穿事件大多发生在 choke 的 B 和 J 区域，由于该区域远离腔体轴线，场致发射电流无法被位于功率馈入端和功率截止端的法拉第筒收集，从而

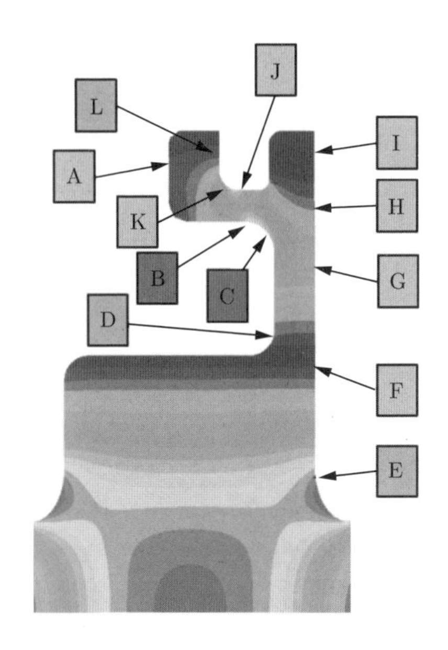

图 4.14　THU-CHK-D1.26-G1.68 内表面形态观察点（见文前彩图）

按逆时针方向选择了 12 个观察点，图中背景为电场分布

在实验中观察到了无场致发射电流激增的射频击穿事件。由 choke 的电场分布可知，这一区域的电场较高，极有可能是过高的电场导致了 choke 内严重的射频击穿现象。当射频击穿发生时，极高的场致发射电流将 choke 表面的铜熔化，形成等离子体，熔化的铜被溅射到了与 choke 相邻的区域，形成了图 4.15 中所示的溅射特征。对比 THU-REF 和 Choke-mode 单腔加速结构的实验结果可知，choke 内严重的射频击穿现象限制了加速结构梯度的进一步提升，使得内部腔体工作在一个相对较低的功率水平，因此没有在盘荷孔径区域观察到集中的射频击穿点。

实验中利用同样的方式将 THU-CHK-D1.89-G2.1 切开并进行了内表面观察，如图 4.16 所示。第一次沿 B1 线切开后分别对两个结构进行了观察，观察视角如图 4.16(b) 所示，观察结果如图 4.17 所示，整体相较于 THU-CHK-D1.26-G1.68 切开后的表面情况要光洁很多，结构的大部分区域都仍具有较高的表面光洁度。在 choke 圆弧区域观察到了许多微小的射频击穿点，这说明 choke 内仍是射频击穿的多发区域。其中还有一处射频击穿点较为集中的区域，如图中 c 点和 d 点所示（c 点和 d 点在原始

choke 结构中为上下相对应的点），可以在 a 点的局部放大中观察到了一些划痕，可能是加工时留下的痕迹，不平整的表面导致该区域具有较高的场增强因子，成为高梯度实验中的热点，这可能是该区域具有较多射频击穿的原因。c 点右下方的圆弧型划痕可能是切割 choke 时留下的痕迹。此外在视角 b 中观察到盘荷孔径区域有许多微小的射频击穿点，这说明除 choke 区域外圆柱腔内也有射频击穿发生，这与实验中观察到两种射频击穿事件相伴发生的现象相符合。

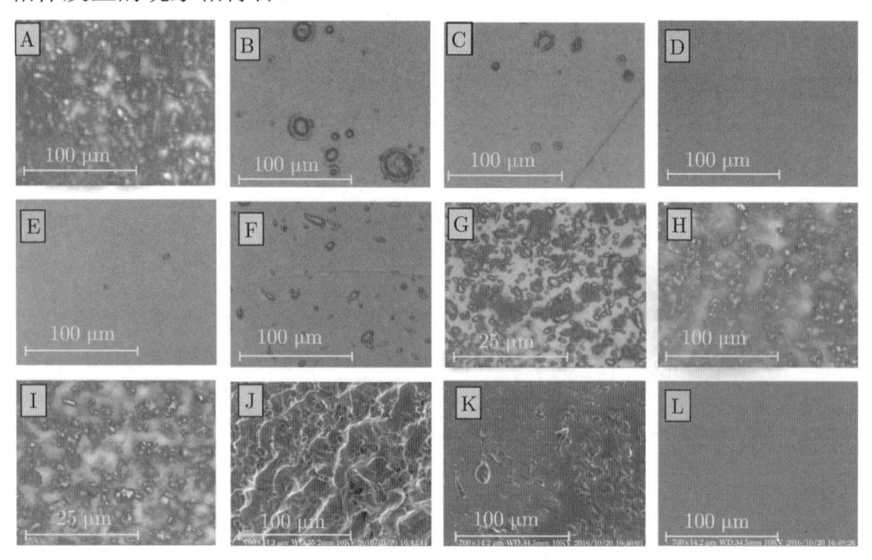

图 4.15　高梯度实验后 THU-CHK-D1.26-G1.68 内表面 SEM 观察结果

A~L 为图 4.14 中选取的观察点

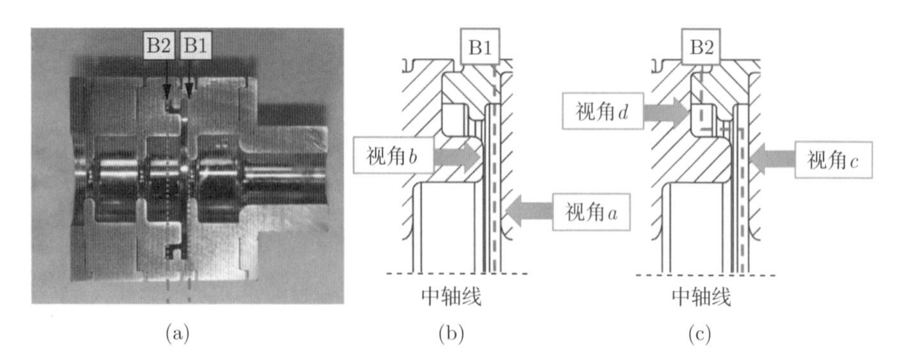

图 4.16　THU-CHK-D1.89-G2.1 的切割和观察示意图

(a) 切割示意图；(b) 第一次切割后的观察示意图；(c) 第二次切割后的观察示意图

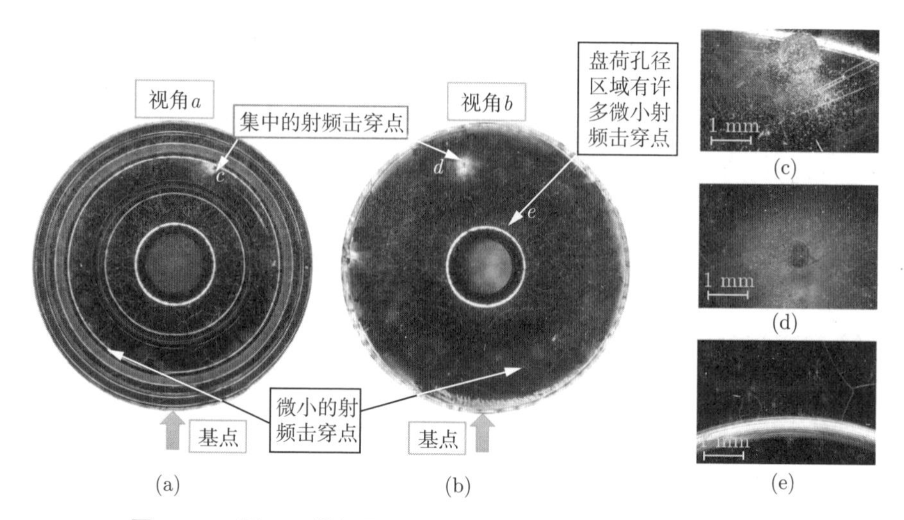

图 4.17　沿 B1 线切开 THU-CHK-D1.89-G2.1 后的情况

(a) 图 4.11 中视角 a 的观察结果；(b) 图 4.11 中视角 b 的观察结果；(c) 射频击穿点集中区域方法；(d) 射频击穿点集中区域方法；(e) 对 (b) 中盘荷孔径区域进行的局部放大

第二次沿 B2 线切开后的情况如图 4.18 所示，视角 c 中发现 choke 内侧有射频击穿点，局部放大后如图 4.18(c) 所示，该图的视角为将视角 c 中的结构竖起后，旋转 50° 后观察，弯曲部观察到了较为严重的射频击穿点。

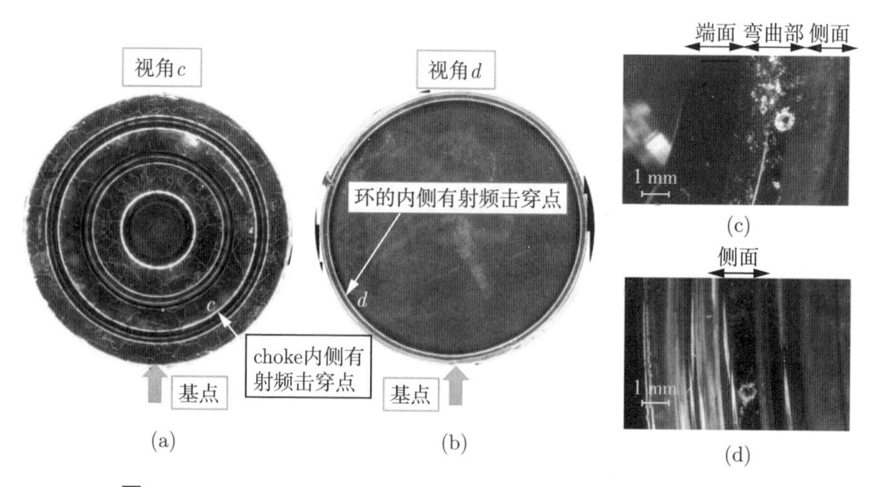

图 4.18　THU-CHK-D1.89-G2.1 沿 B2 线切开后的情况

(a) 图 4.11 中视角 c 的观察结果；(b) 图 4.11 中视角 d 的观察结果；(c) 对 (a) 中 choke 圆弧及内侧区域进行的局部放大；(d) 对 (b) 中环内侧区域进行的局部放大

其中端面指与加速结构横向平行的面，弯曲部分为圆弧角，侧面是与加速结构纵向平行的面，即内径部分。

视角 d 中发现环的端面非常光滑，保持了镜面状态，而内径处较为粗糙。将内径局部放大后如图 4.18(d) 所示，该图的视角为将视角 d 中的结构竖起后观察，环内径上观察到了较为严重的射频击穿点。

为了更好地了解 THU-CHK-D1.89-G2.1 内射频击穿点的形态，实验中在结构的不同位置选择了 12 个观察点，如图 4.19 所示，利用电子显微镜进行了观察，观察结果如图 4.20 所示。

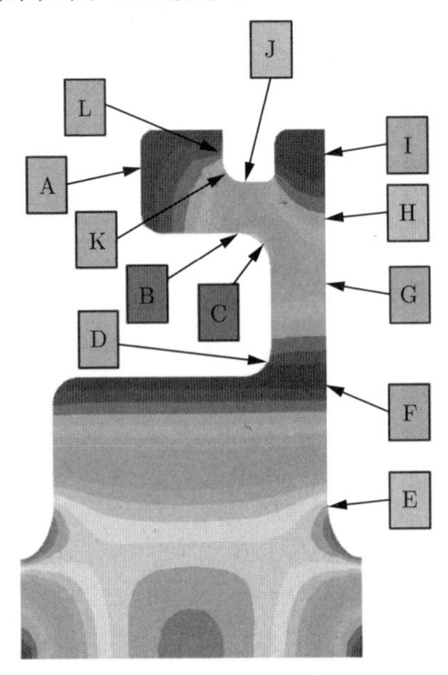

图 4.19　THU-CHK-D1.89-G2.1 内表面形态观察点（见文前彩图）

按逆时针方向选择了 12 个观察点，图中背景为电场分布

由 THU-CHK-D1.89-G2.1 的观察结果可知，B、C、J 处出现了射频击穿点，F、G、H、I 处具有形态类似的溅射特征，同时在盘荷孔径区域的 E 处也观察到了射频击穿点，表明 choke 内和盘荷孔径处均有射频击穿发生，这与实验中始终观察到存在两种射频击穿事件的现象相符合，说明这两种射频击穿事件一起制约了加速梯度的进一步提升。

值得注意的是，THU-CHK-D1.89-G2.1 中 choke 的射频击穿点分布并不均匀，图 4.20 中 C 和 J 两处沿圆周方向观察到了光洁的表面，如图 4.21

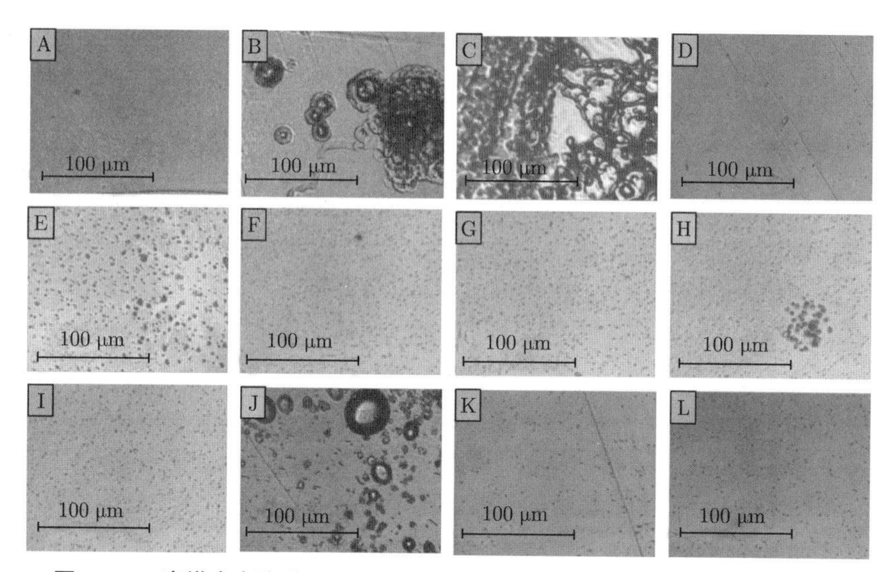

图 4.20　高梯度实验后 THU-CHK-D1.89-G2.1 内表面 SEM 观察结果

A~L 为图 4.19 中选取的观察点

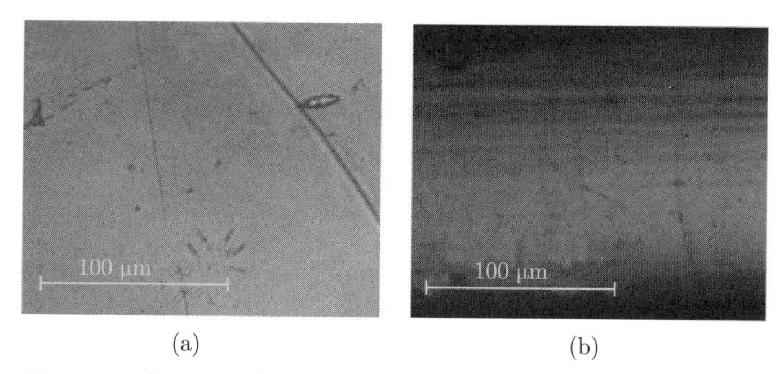

(a)　(b)

图 4.21　图 4.20 中 C 和 J 两处光洁表面的 SEM 观察结果

(a) C 处的表面情况; (b) J 处的表面情况

所示。这说明该结构的 choke 没有受到严重损害，而 THU-CHK-D1.26-G1.68 内 choke 的表面损伤沿圆周方向均匀分布，受损严重，这可能跟 THU-CHK-D1.26-G1.68 实验中总共的高功率时间较长有关。

4.2.3　射频击穿时间分析

第 2 章对行波多腔加速结构的射频击穿时间分布开展了研究，本节利用相同的方法对驻波单腔加速结构展开了研究。定义单腔加速结构射频击穿时间为反射波的上升时间，如图 4.22 中的 t 所示。

4.2.3.1　比对腔的射频击穿时间

与 2.4.4.2 节相同，本节将对普通脉冲射频击穿事件和连续脉冲射频击穿事件分别进行分析。THU-REF 在 200 ns、300 ns 和 400 ns 脉宽下的射频击穿数据如表 4.2 所示。由表中数据知大多数射频击穿事件均伴有场致发射电流激增的信号。由于 THU-REF 不含有 choke 结构，因此本节研究的是驻波圆柱腔内射频击穿的时间分布。

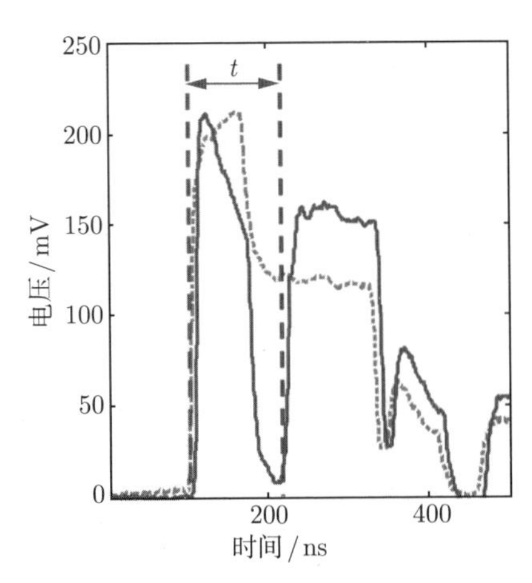

图 4.22　单腔加速结构的射频击穿时间

该射频击穿事件为 350 ns 脉宽下的射频击穿。虚线为入射微波信号；实线为反射微波信号；t 是反射波的上升沿时间

表 4.2　THU-REF 中累积的射频击穿数量

脉冲宽度/ns	普通脉冲射频击穿数量		连续脉冲射频击穿数量	
	含电流信号	不含电流信号	含电流信号	不含电流信号
200	238	3	378	6
300	210	3	307	6
400	260	4	380	9

射频击穿时间分布如图 4.23～图 4.25 所示。观察射频击穿时间分布的结果可知：普通脉冲射频击穿的时间分布在 60～100 ns 并不断增长，在 100 ns 到脉冲末尾前的区间内均匀分布，在脉冲的末尾以及脉冲刚结束后具有一个尖峰；连续脉冲射频击穿的时间分布在 100 ns 前不断增长，

100 ns 之后具有逐渐减少的分布，这与行波加速结构连续脉冲射频击穿时间的分布类似。

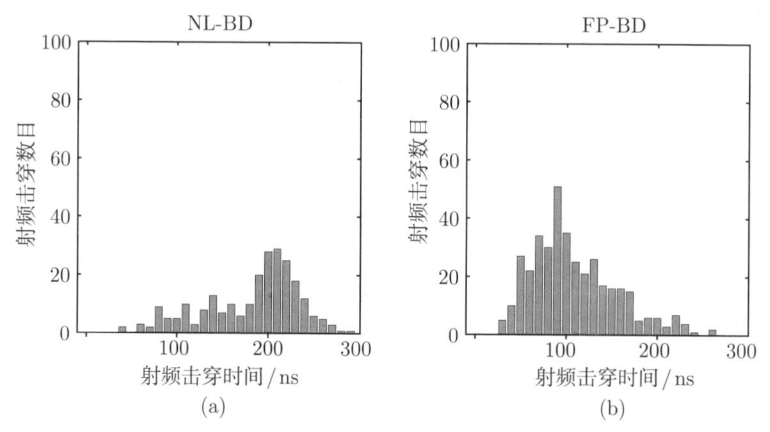

图 4.23　THU-REF 在 200 ns 脉宽实验中的射频击穿时间分布

(a) 普通脉冲射频击穿事件的数据；(b) 连续脉冲射频击穿事件的数据

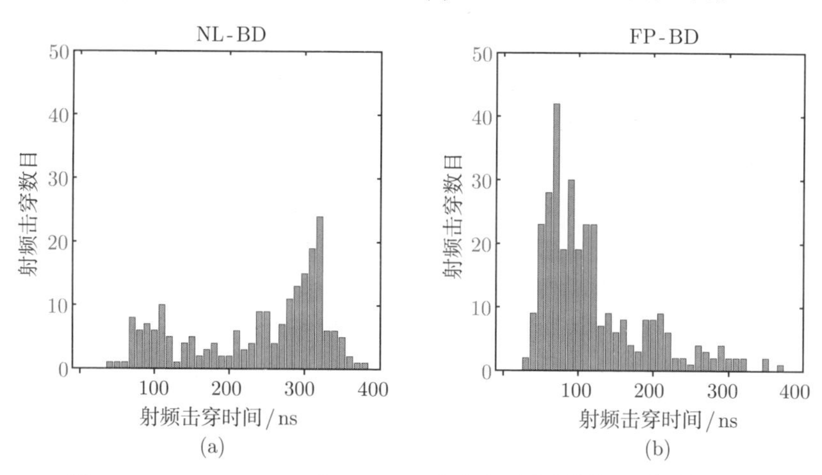

图 4.24　THU-REF 在 300 ns 脉宽实验中的射频击穿时间分布

(a) 普通脉冲射频击穿事件的数据；(b) 连续脉冲射频击穿事件的数据

由图 4.22 中所示的入射波形和图 3.13 中所示的电场可知，阶梯形输入脉冲的第一个阶梯（前 100 ns）为建场过程，电场在此过程中不断增长。若加速结构在高梯度实验中没有记忆效应，那么根据射频击穿概率与电场 30 次方关系，在前 100 ns 内的射频击穿时间将具有剧烈增长的分布形态，但在 THU-REF 的实验中观察到前 100 ns 内两种射频击穿数量随时间的增长较为平缓。这说明加速结构在高梯度实验中具有电场记忆效应，电场只影响了射频击穿概率与电场的关系，而不影响射频击穿在脉冲内随电场变化的发生概率。

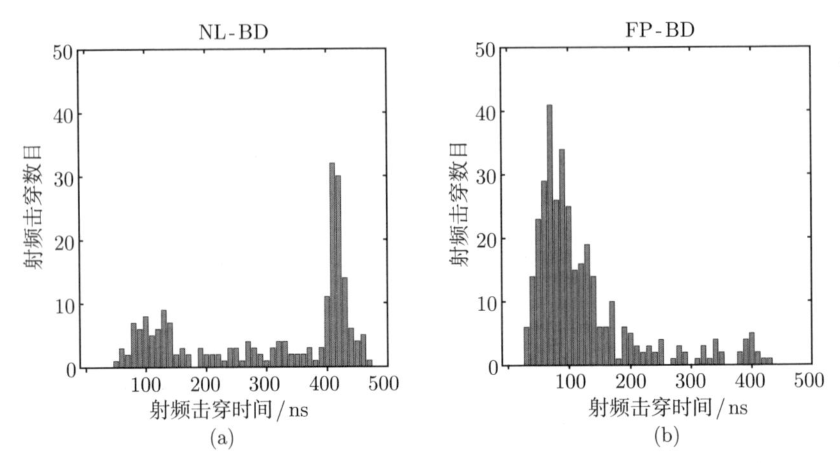

图 4.25　THU-REF 在 400 ns 脉宽实验中的射频击穿时间分布

(a) 普通脉冲射频击穿事件的数据；(b) 连续脉冲射频击穿事件的数据

实验在阶梯形输入脉冲的第二个阶梯中的加速腔内已建立起稳定的电场。普通脉冲射频击穿事件在稳定电场区间内均匀分布，说明加速结构在高梯度实验中具有脉冲宽度记忆效应，电场只影响了射频击穿概率与脉冲宽度的关系，而不影响射频击穿在微波脉冲中的时间分布。连续脉冲射频击穿事件具有逐渐递减分布形态，连续脉冲射频击穿事件发生时的场强低于前一次的射频击穿事件，且多发生在电场稳定后的 50 ns 以内，这可能是由之前射频击穿遗留下的表面特征所导致的二次射频击穿事件。

THU-REF 和第 2 章介绍的 T24_THU_#1 的腔型均为圆柱腔，对比两者的射频击穿时间分布，发现 THU-REF 在稳定电场区间内的射频击穿时间分布与 T24_THU_#1 的类似，说明电场稳定时的射频击穿时间分布规律不仅适用于行波加速结构，同样也适用于驻波加速结构。

4.2.3.2　Choke-mode 单腔加速结构的射频击穿时间

Choke-mode 单腔加速结构的射频击穿数据如表 4.3 所示。由表 4.3 中数据可知：对于 THU-CHK-D1.26-G1.68 和 THU-CHK-D1.26-G2.1，98% 以

上的射频击穿均不含场致发射电流激增的信号，这两个加速结构的射频击穿主要发生在 choke 内；对于 THU-CHK-D1.89-G2.1 和 THU-CHK-D2.21-G2.1，前者 45% 以上的射频击穿事件伴有场致发射电流激增的信号，后者 60% 以上的射频击穿事件含有场致发射电流激增的信号。

表 4.3　Choke-mode 单腔加速结构累积的射频击穿数量

结构名称	脉冲宽度 /ns	普通脉冲射频击穿数量		连续脉冲射频击穿数量	
		含电流信号	不含电流信号	含电流信号	不含电流信号
THU-CHK-D1.26-G1.68	250	5	776	4	1265
THU-CHK-D1.26-G1.68	300	8	1298	6	2514
THU-CHK-D1.26-G1.68	400	3	365	1	823
THU-CHK-D1.26-G2.1	400	3	173	5	289
THU-CHK-D1.89-G2.1	300	137	120	236	271
THU-CHK-D2.21-G2.1	300	188	88	209	130

对 THU-CHK-D1.26-G1.68 在 250 ns、300 ns 和 400 ns 脉宽下的数据进行分析，三组脉宽下的射频击穿时间分布如图 4.26～图 4.28 所示。观

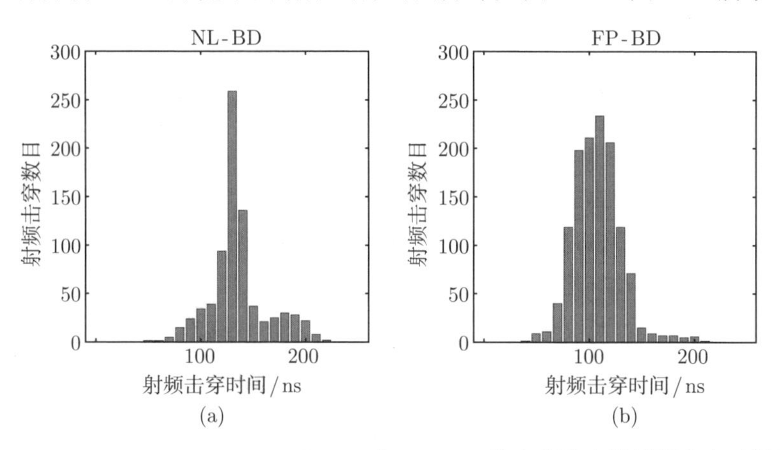

图 4.26　THU-CHK-D1.26-G1.68 在 250 ns 脉宽实验中的射频击穿时间分布

(a) 普通脉冲射频击穿事件的数据；(b) 连续脉冲射频击穿事件的数据

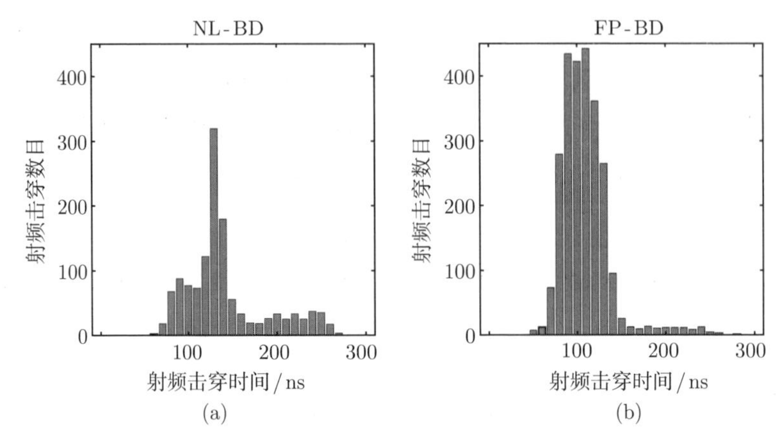

图 4.27 THU-CHK-D1.26-G1.68 在 300 ns 脉宽实验中的射频击穿时间分布

(a) 普通脉冲射频击穿事件的数据；(b) 连续脉冲射频击穿事件的数据

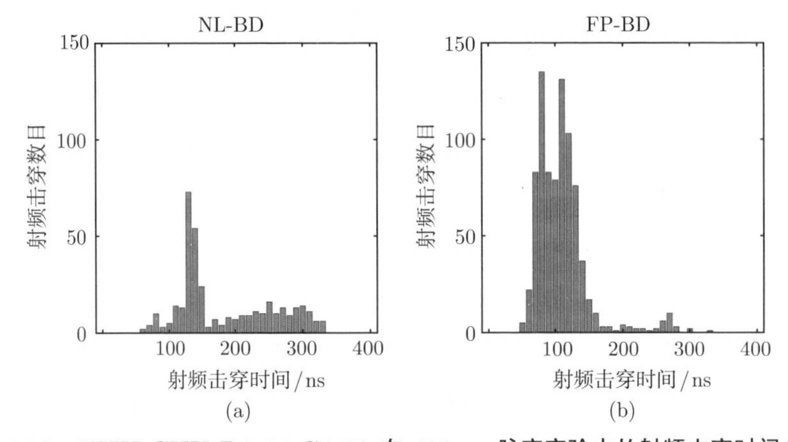

图 4.28 THU-CHK-D1.26-G1.68 在 400 ns 脉宽实验中的射频击穿时间分布

(a) 普通脉冲射频击穿事件的数据；(b) 连续脉冲射频击穿事件的数据

察射频击穿时间分布的结果可知，普通脉冲射频击穿的时间分布主要集中在 130 ns 处，60~100 ns 缓慢增长，155 ns 到脉冲末尾前 50 ns 内均匀分布，脉冲末尾的 50 ns 内几乎没有射频击穿发生。THU-CHK-D1.26-G1.68 前 100 ns 建场过程中的射频击穿时间分布与 THU-REF 相同，该分布随时间的增长相较于电场 30 次方的增长要缓慢得多，说明加速结构在高梯度实验中具有电场记忆效应，电场 30 次方的关系是大量脉冲累积产生的效果。连续脉冲射频击穿的时间分布主要集中在 80~140 ns 的区间内，发生在该区间外的射频击穿事件很少。

为了验证此现象是否为该结构独有，另一根 Choke-mode 单腔加速结构 THU-CHK-D1.26-G2.1 在 400 ns 脉宽下的射频击穿时间分布如图 4.29 所示。与 THU-CHK-D1.26-G1.68 类似，该结构在 400 ns 脉宽下 98% 的射频击穿事件发生在 choke 结构内。图 4.29 所示的规律与图 4.26～图 4.28 中的特征相同，这说明发生在 choke 内的射频击穿事件均具有如图 4.26～图 4.29 所示的分布规律。

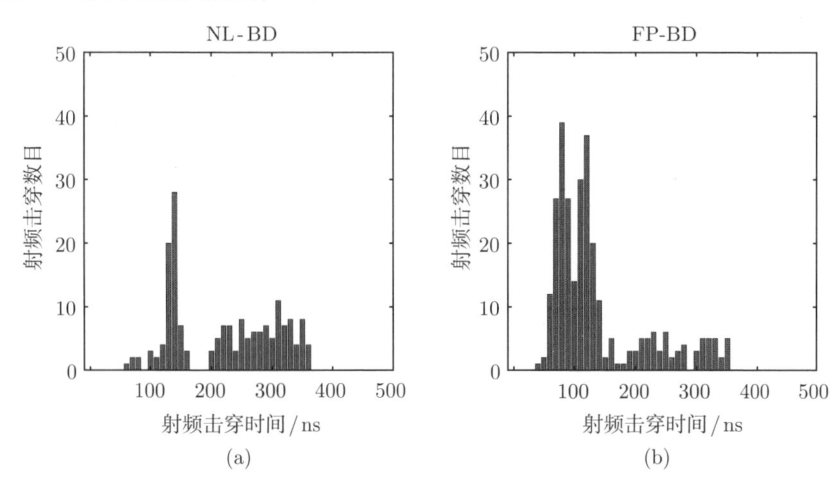

图 4.29　THU-CHK-D1.26-G2.1 在 400 ns 脉宽实验中的射频击穿时间分布

(a) 普通脉冲射频击穿事件的数据；(b) 连续脉冲射频击穿事件的数据

由表 4.3 可知，THU-CHK-D1.89-G2.1 和 THU-CHK-D2.21-G2.1 在 300 ns 脉冲宽度下含有和不含场致发射电流激增信号的射频击穿数量相当。对于这两个 choke 内和盘荷孔径区域均有射频击穿事件发生的加速结构，利用场致发射电流是否激增对射频击穿事件的时间分布进行分类统计，结果如图 4.30 和图 4.31 所示。两图中的 (a) 和 (b) 分别为含有电流激增的普通脉冲和连续脉冲射频击穿事件，即 Choke-mode 加速结构圆柱腔内的射频击穿事件；图 (c) 和 (d) 分别为不含电流激增的普通脉冲和连续脉冲射频击穿事件，即 choke 内的射频击穿事件。

含有电流激增的射频击穿时间分布情况与 THU-REF 的结果相同。普通脉冲射频击穿的时间分布在 60～100 ns 时不断增长，在 100 ns 到脉冲末尾的区间内均匀分布。连续脉冲射频击穿的时间分布在 100 ns 前不断增长，在 100～120 ns 具有一个尖峰，随后逐渐减少。阶梯型脉冲的第一个阶梯中射频击穿时间分布平稳增长，说明射频击穿概率存在电场记忆效应，第二阶梯中电场稳定时射频击穿时间均匀分布，说明射频击穿概率存在脉冲宽度记忆效应。

不含电流激增的射频击穿时间分布情况与图 4.26～图 4.29 中 THU-CHK-D1.26-G1.68 和 THU-CHK-D1.26-G2.1 的射频击穿时间分布相似。普通脉冲射频击穿的时间分布在 100 ns 处具有一个尖峰，在脉冲最后的 50 ns 区间内分布较少。连续脉冲射频击穿的时间分布集中在 60～140 ns 的区间内，发生在该区间外的射频击穿事件很少。

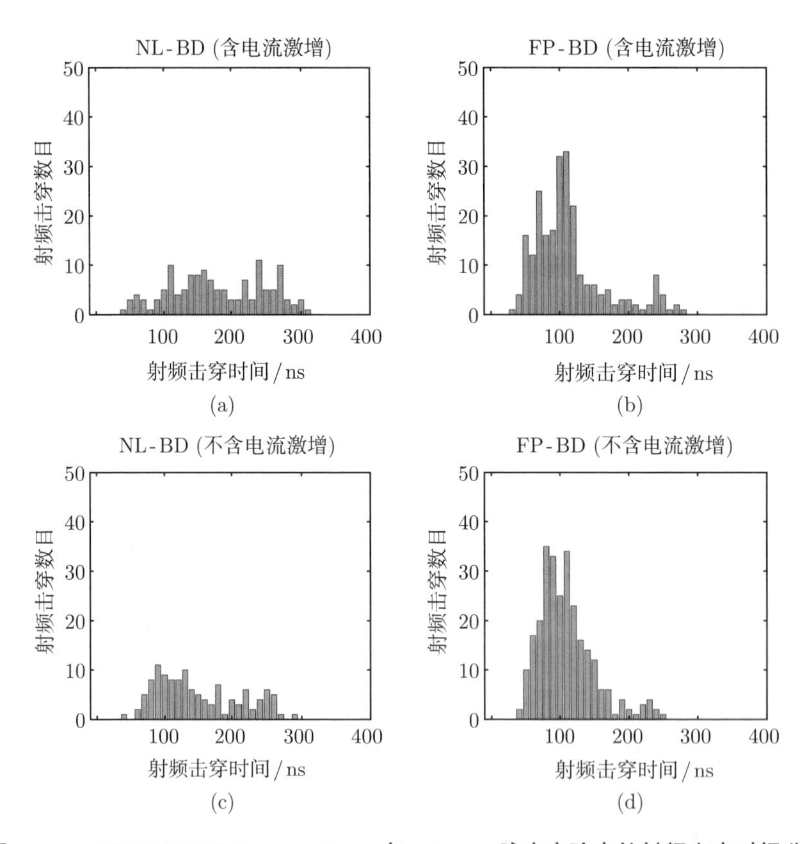

图 4.30　THU-CHK-D1.89-G2.1 在 300 ns 脉宽实验中的射频击穿时间分布

(a) 含场致发射电流信号激增的普通脉冲射频击穿事件的数据；(b) 含场致发射电流信号激增的连续脉冲射频击穿事件的数据；(c) 不含场致发射电流信号激增的普通脉冲射频击穿事件的数据；(d) 不含场致发射电流信号激增的连续脉冲射频击穿事件的数据

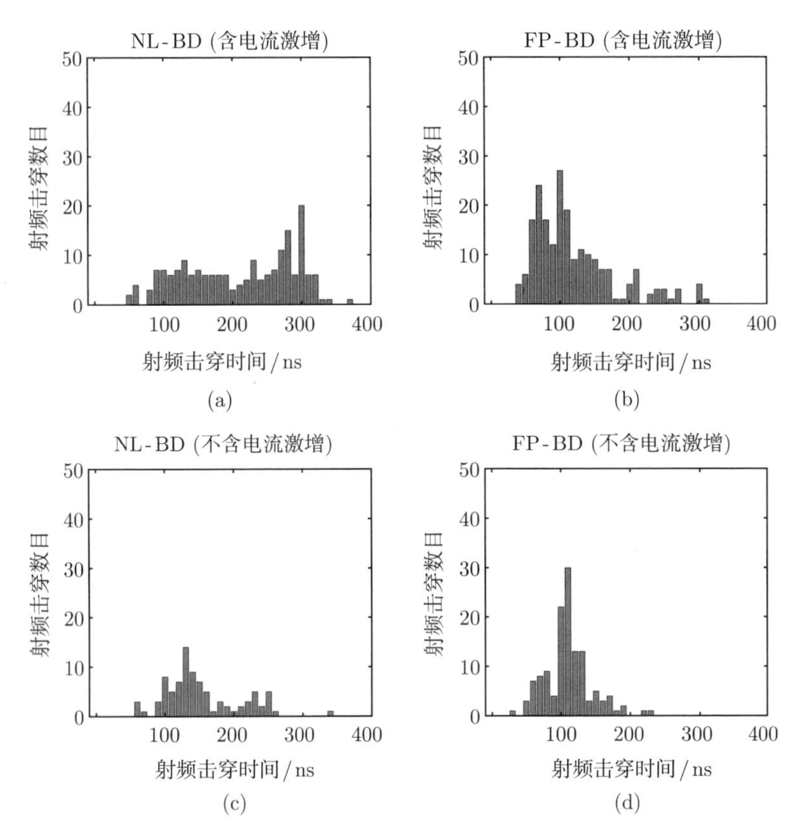

图 4.31 THU-CHK-D2.21-G2.1 在 300 ns 脉宽实验中的射频击穿时间分布

(a) 含场致发射电流信号激增的普通脉冲射频击穿事件的数据；(b) 含场致发射电流信号激增的连续脉冲射频击穿事件的数据；(c) 不含场致发射电流信号激增的普通脉冲射频击穿事件的数据；(d) 不含场致发射电流信号激增的连续脉冲射频击穿事件的数据

由本节的分析和 4.2.2 节的内表面形态观察结果可知：THU-CHK-D1.89-G2.1 和 THU-CHK-D2.21-G2.1 中含有场致发射电流激增射频击穿事件的时间分布与圆柱腔加速结构 THU-REF 中的射频击穿时间分布一致；THU-CHK-D1.89-G2.1 和 THU-CHK-D2.21-G2.1 中不含场致发射电流激增射频击穿事件的时间分布与 THU-CHK-D1.26-G1.68 和 THU-CHK-D1.26-G2.1 中的射频击穿时间分布类似，且内表面形态的研究表明 THU-CHK-D1.26-G1.68 和 THU-CHK-D1.26-G2.1 的射频击穿事件发生在 choke 内，说明无场致发射电流的激增信号可作为射频击穿发生在 choke 内的依据。

4.3 小　结

本章利用 Nextef 的 Shield-B 测试平台对清华大学加速器实验室研制的单腔加速结构开展了高梯度实验和射频击穿现象研究。实验中观察到两种射频击穿事件，分别为含有场致发射电流激增的射频击穿和不含场致发射电流激增的射频击穿。在 D 区域较窄的 Choke-mode 加速结构的实验中，梯度饱和后的射频击穿事件均没有伴随场致发射电流信号发生变化，而 D 区域较大的 Choke-mode 加速结构的实验中两种射频击穿事件始终存在。

高梯度实验后，分别将这两种具有不同射频击穿历史特性的 Choke-mode 单腔加速结构切开，利用电子显微镜开展了表面形态研究。前者的观察结果发现射频击穿点均在 choke 区域内，而盘荷孔径区域没有观察到射频击穿点，这表明实验中收集到的射频击穿事件发生在 choke 内，且 choke 内的严重射频击穿现象限制了整体加速结构加速梯度的进一步提升。在后者的内表面观察中，发现 choke 内和盘荷孔径区域均有射频击穿点出现，说明 choke 内和盘荷孔径区域均有射频击穿发生，与实验中观察到的现象一致。射频击穿信号的波形和内表面观察的结果说明场致发射电流信号可用来甄别射频击穿事件所发生的大致位置，这可作为判断 choke 老练状态的重要依据。该研究加深了对 Choke-mode 加速结构射频击穿现象的理解。

本章还对单腔加速结构的射频击穿时间开展了研究。在输入脉冲的建场时间内，电场逐渐增强，而射频击穿事件在此区间内增长缓慢，表明射频击穿具有电场记忆效应；电场稳定区间内射频击穿事件分布均匀，表明射频击穿具有脉冲宽度记忆效应，这与第 3 章中在行波加速结构实验中观察到的规律一致，单一微波脉冲内的射频击穿概率不符合经验公式中脉宽 5 次方和电场 30 次方的关系。该研究结果加深了对射频击穿现象的理解。Choke 内的射频击穿集中分布在电场刚达到稳定的时间区域，连续脉冲射频击穿的时间分布要早于普通脉冲射频击穿事件，加深了对 choke 内射频击穿现象的理解。

第 5 章　Choke-mode 加速结构的高梯度性能研究

第 4 章通过对 X 波段 Choke-mode 单腔加速结构进行的高梯度实验研究和内表面观察，对 choke 中的射频击穿现象开展了实验研究。本章对不同 Choke-mode 加速结构的高梯度实验研究结果进行比较研究，深入探索 choke 结构对其高梯度性能的影响。

5.1　单腔加速结构的高梯度历史

5.1.1　THU-CHK-D1.26-G1.68

THU-CHK-D1.26-G1.68 的实验历史如图 5.1 所示，蓝色、绿色和红色的点分别展示了 E_{acc}、微波脉冲宽度和累计射频击穿数目随脉冲数的变化情况。当联锁被触发时，系统会记录下当前事件的加速梯度等数值，这既包含射频击穿事件，也包含非射频击穿的联锁事件（如人为停止实验时触发的联锁）。图 5.1 中处于加速梯度包络以下的数据点是由射频击穿发生后提升功率阶段发生的联锁事件引发的。

每隔 1×10^5 个脉冲取出图 5.1 中的最大加速梯度，可以得到 THU-CHK-D1.26-G1.68 加速梯度变化的包络情况，如图 5.2 所示。由图 5.1 和图 5.2 可知，实验在 1.0×10^7 个微波脉冲（约为 56 个高功率小时）前可以平稳地增加输入功率，当加速梯度达到 85 MV/m 后，观察到了持续的连续脉冲射频击穿现象，无法顺利地继续增加输入功率。整体实验在长脉冲运行阶段所能达到的最大加速梯度为 85 MV/m。

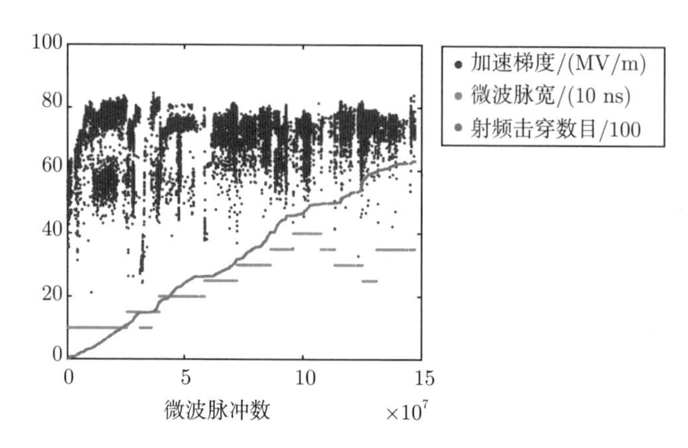

图 5.1 THU-CHK-D1.26-G1.68 的高梯度实验历史（见文前彩图）

蓝点表示无载加速梯度 E_{acc} (MV/m)；绿点表示微波脉冲宽度 (ns) 除以 10；红点代表射频击穿数目除以 100，其中脉冲宽度指阶梯形脉冲两个阶梯的脉宽总和

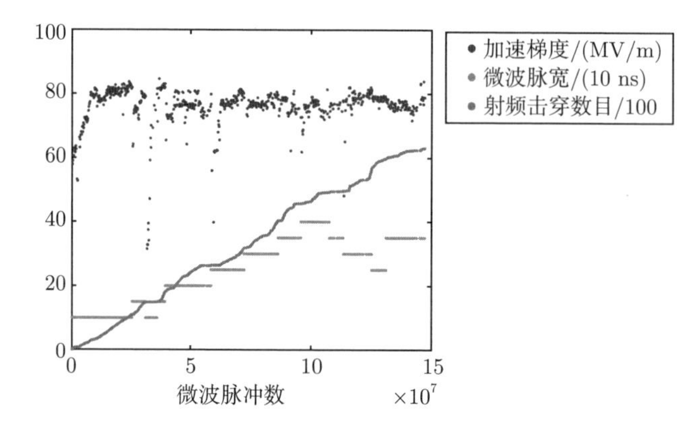

图 5.2 THU-CHK-D1.26-G1.68 的高梯度实验包络（见文前彩图）

蓝点表示无载加速梯度 E_{acc} (MV/m)；绿点表示微波脉冲宽度 (ns) 除以 10；红点代表射频击穿数目除以 100，其中脉冲宽度指阶梯形脉冲两个阶梯的脉宽总和

5.1.2 THU-CHK-D1.26-G2.1

利用与 THU-CHK-D1.26-G1.68 相同的分析方法对 THU-CHK-D1.26-G2.1 展开研究，其实验历史和加速梯度包络分别如图 5.3(a) 和 (b) 所示，蓝色、绿色和红色的点分别展示了 E_{acc}、微波脉冲宽度和累计射频击穿数目随脉冲数的变化情况。由图 5.3 可知，在 5.9×10^6 个微波脉冲（约为 33 个高功率小时）前可以平稳地增加输入功率，当加速梯度达到 80 MV/m 后继续增

加输入功率时出现了连续的射频击穿事件。这一阶段（$5.9\times10^6\sim6.8\times10^6$ 个微波脉冲）由于过高的射频击穿概率，实验中人为降低了输入功率以防止加速结构被损坏。在长脉宽运行的初始阶段（$6.8\times10^6\sim1.8\times10^7$ 个微波脉冲），加速结构所能承受的最大加速梯度随着脉冲宽度的增加而降低。整体实验在长脉冲运行阶段所能达到的最大加速梯度为 71 MV/m。

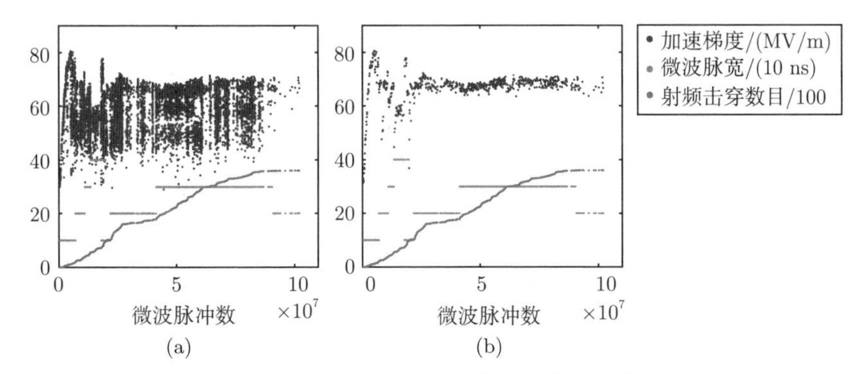

图 5.3　THU-CHK-D1.26-G2.1 的高梯度实验历史（见文前彩图）

(a) 原始数据；(b) 高梯度实验包络图

蓝点表示无载加速梯度 E_{acc} (MV/m)；绿点表示微波脉冲宽度 (ns) 除以 10；

红点代表射频击穿数目除以 100

5.1.3　THU-CHK-D1.89-G2.1

THU-CHK-D1.89-G2.1 的实验历史和加速梯度包络分别如图 5.4(a)

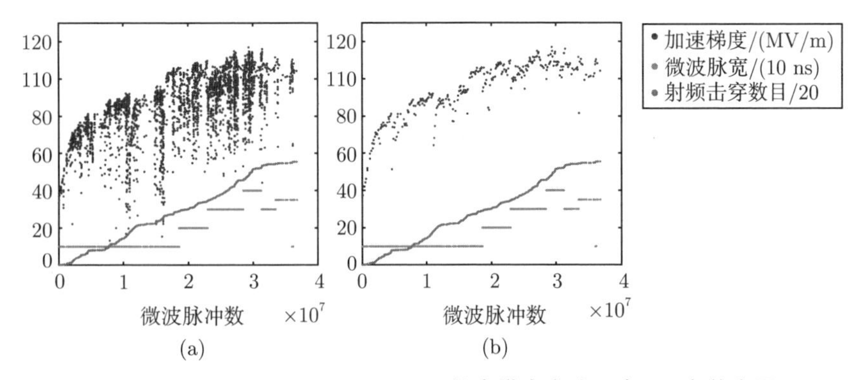

图 5.4　THU-CHK-D1.89-G2.1 的高梯度实验历史（见文前彩图）

(a) 原始数据；(b) 高梯度实验包络图

蓝点表示无载加速梯度 E_{acc}(MV/m)；绿点表示微波脉冲宽度 (ns) 除以 10；

红点代表射频击穿数目除以 20

和 (b) 所示，蓝色、绿色和红色的点分别展示了 E_{acc}、微波脉冲宽度和累计射频击穿数目随脉冲数的变化情况。实验中可以平稳地增加功率，最终在长脉冲下稳定运行的最大加速梯度为 117 MV/m。根据图 4.8 所示的两种射频击穿事件累计历史可知，在该加速结构的实验后期即加速梯度达到了饱和时，既有 choke 内的射频击穿事件，也有圆柱腔内的射频击穿事件，表明 choke 不再是单一限制加速结构达到更高加速梯度的因素，圆柱腔内及盘荷孔径上的射频击穿也在制约着加速梯度的进一步提升。

5.1.4 THU-CHK-D2.21-G2.1

THU-CHK-D2.21-G2.1 的实验历史和加速梯度包络分别如图 5.5(a) 和 (b) 所示，蓝色、绿色和红色的点分别展示了 E_{acc}、微波脉冲宽度和累计射频击穿数目随脉冲数的变化情况，最终在长脉冲下稳定运行的最大加速梯度为 130 MV/m。与 THU-CHK-D1.89-G2.1 的实验现象一致，当 THU-CHK-D2.21-G2.1 的加速梯度达到饱和时，仍可以观察到伴有场致发射电流激增的射频击穿事件，如图 4.9 所示。

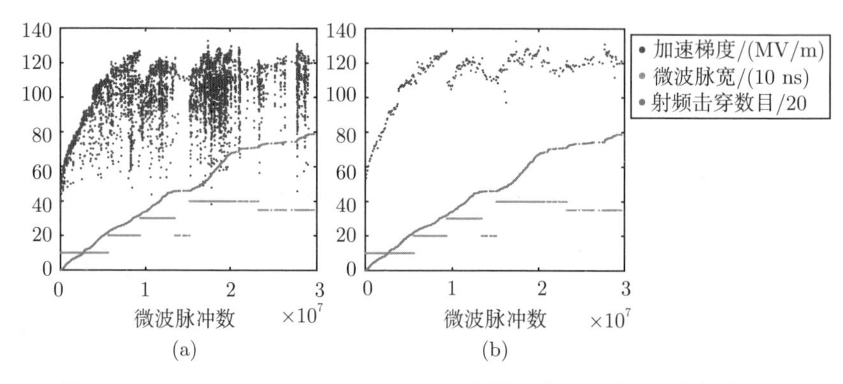

图 5.5 THU-CHK-D2.21-G2.1 的高梯度实验历史（见文前彩图）

(a) 原始数据；(b) 高梯度实验包络图

蓝点表示无载加速梯度 E_{acc} (MV/m)；绿点表示微波脉冲宽度 (ns) 除以 10；红点代表射频击穿数目除以 20

5.1.5 THU-CHK-D1.88-G2.5

THU-CHK-D1.88-G2.5 的实验历史和加速梯度包络分别如图 5.6(a) 和 (b) 所示，蓝色、绿色和红色的点分别展示了 E_{acc}、微波脉冲宽度和累计射频击穿数目随脉冲数的变化情况，最终在长脉冲下稳定运行的最大加速梯度为 117 MV/m。与 THU-CHK-D1.89-G2.1 的实验现象一致，当 THU-CHK-D1.88-G2.5 的加速梯度达到饱和时，仍可以观察到伴有场致发射电流激增的射频击穿事件，如图 4.10 所示。

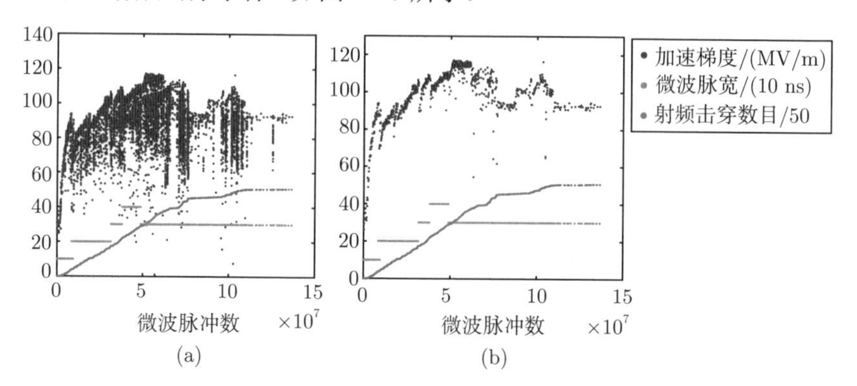

图 5.6　THU-CHK-D1.88-G2.5 的高梯度实验历史（见文前彩图）

(a) 原始数据；(b) 高梯度实验包络图

蓝点表示无载加速梯度 E_{acc} (MV/m)；绿点表示微波脉冲宽度 (ns) 除以 10；红点代表射频击穿数目除以 50

5.1.6　THU-REF

THU-REF 的实验历史和加速梯度包络分别如图 5.7(a) 和 (b) 所示，蓝色、绿色和红色的点分别展示了 E_{acc}、微波脉冲宽度和累计射频击穿数

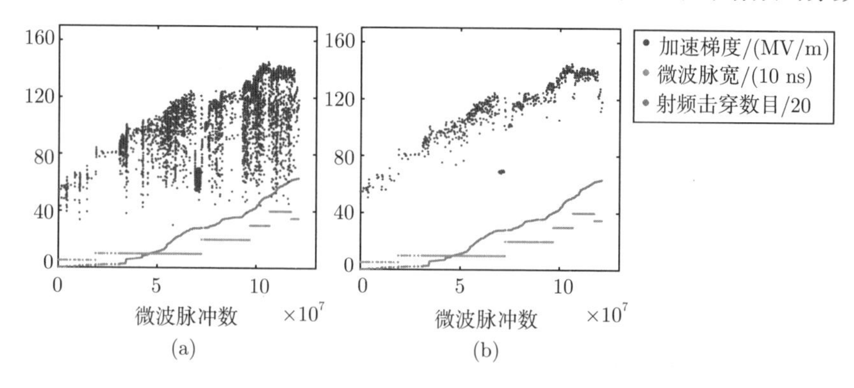

图 5.7　THU-REF 的高梯度实验历史（见文前彩图）

(a) 原始数据；(b) 高梯度实验包络图

蓝点表示无载加速梯度 E_{acc} (MV/m)；绿点表示微波脉冲宽度 (ns) 除以 10；红点代表射频击穿数目除以 20

目随脉冲数的变化情况。对比腔的最大加速梯度达到了 145 MV/m，验证了清华大学加速器实验室 X 波段单腔加速结构的制作工艺。

5.2 单腔加速结构高梯度研究小结

下面对所有单腔加速结构的实验结果进行小结，每隔 1×10^5 个脉冲取出最大加速梯度，不同加速结构的加速梯度变化趋势比较结果如图 5.8 所示。

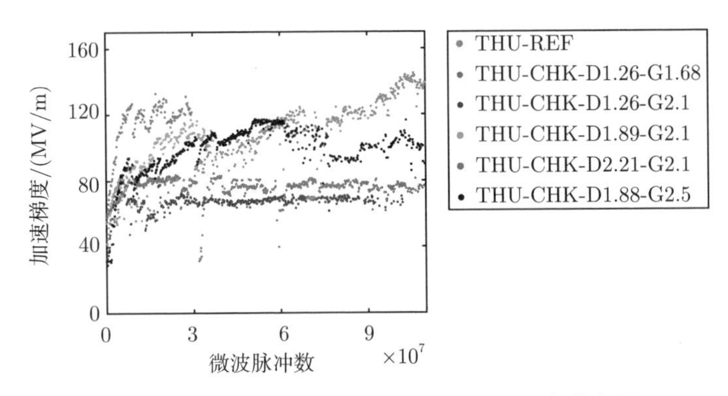

图 5.8 单腔加速结构的实验结果汇总（见文前彩图）

绿色为 THU-REF，红色为 THU-CHK-D1.26-G1.68，深蓝色为 THU-CHK-D1.26-G2.1，浅蓝色为 THU-CHK-D1.89-G2.1，粉色为 THU-CHK-D2.21-G2.1，黑色为 THU-CHK-D1.88-G2.5

THU-CHK-D1.89-G2.1、THU-CHK-D2.21-G2.1 和 THU-CHK-D1.88-G2.5 均在较短的时间内达到了高于 100 MV/m 的加速梯度，高梯度性能优于 D 区域 choke 间隙为 1.26 mm 的 THU-CHK-D1.26-G1.68 和 THU-CHK-D1.26-G2.1，说明增加 D 区域的 choke 间隙和降低 choke 内的最大表面电场可降低 Choke-mode 加速结构的射频击穿概率，使其能稳定在高梯度下工作。Choke-mode 单腔加速结构在实验中达到的最大加速梯度 $E_{\rm acc}^{\rm max}$ 和 choke 内的最大电场 $E_{\rm choke}^{\rm max}$ 如表 5.1 所示。由第 4 章的内表面形态观察结果可知 THU-CHK-D1.26-G1.68 的 D 区域为射频击穿多发的区域，对于 THU-CHK-D1.26-G1.68 和 THU-CHK-D1.26-G2.1，choke 区域达到了相同的最大表面电场（约为 135 MV/m）。随着 D 区域 choke 间隙的扩大，所能承受的最大表面电场也在增强。

表 5.1　单腔加速结构的最大加速梯度和最大 choke 表面电场

结构名称	$E_{\text{acc}}^{\max}$/(MV/m)	$E_{\text{choke}}^{\max}$/(MV/m)
THU-CHK-D1.26-G1.68	85	134
THU-CHK-D1.26-G2.1	71	135
THU-CHK-D1.89-G2.1	117	175
THU-CHK-D2.21-G2.1	131	185
THU-CHK-D1.88-G2.5	117	201

第 2 章中介绍过利用归一化加速梯度来比较不同的加速结构，归一化加速梯度的定义如式 (2-5) 所示，这里利用同样的分析方法来研究不同的单腔加速结构，结果如图 5.9 所示，计算图中每个数据点的归一化加速梯度时，使用的射频击穿概率为该点之前的 10^6 个脉冲内的射频击穿概率。在 Choke-mode 加速结构中，THU-CHK-D2.21-G2.1 的归一化加速梯度增长最快，数值最高。

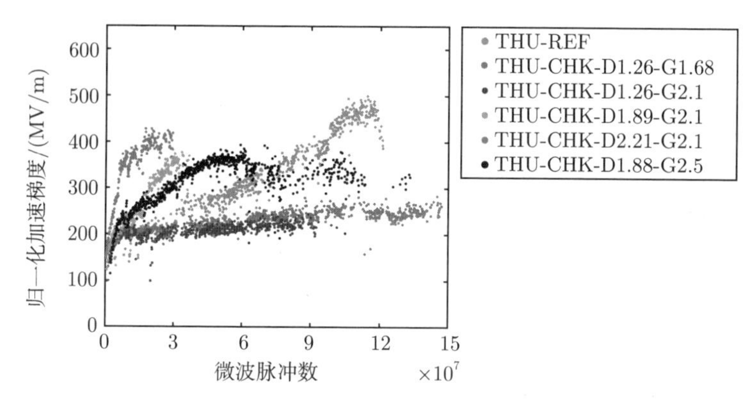

图 5.9　所有单腔加速结构的归一化加速梯度和微波脉冲数的比较（见文前彩图）

绿色为 THU-REF，红色为 THU-CHK-D1.26-G1.68，深蓝色为 THU-CHK-D1.26-G2.1，浅蓝色为 THU-CHK-D1.89-G2.1，粉色为 THU-CHK-D2.21-G2.1，黑色为 THU-CHK-D1.88-G2.5

5.3　射频击穿概率研究

THU-CHK-D1.89-G2.1 的实验总共进行了 7 次测量射频击穿概率的 run，在这些 run 中，保持输入功率不变，统计射频击穿时间的数量。利用式 (1-1) 可以求出射频击穿概率，结果如图 5.10 所示，其误差由式 (2-1)

给出。

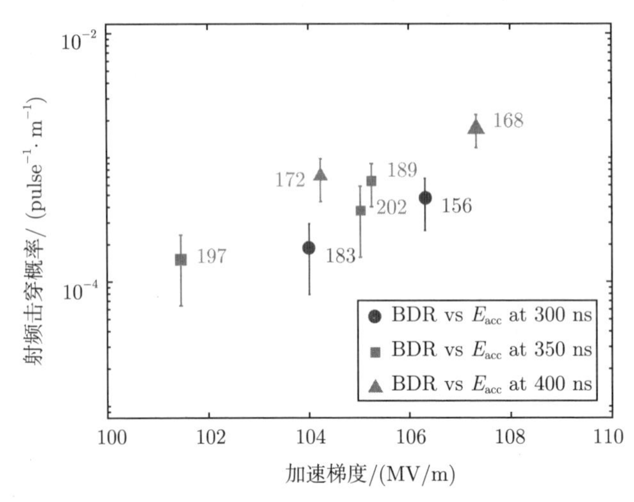

图 5.10 不同高功率时间和脉冲宽度下的射频击穿概率与加速梯度的实验数据

数据点旁边的数字是从实验开始直到该测量射频击穿概率 run 时累计的高功率时间 (单位：h)

利用式 (2-3) 计算归一化射频击穿概率 BDR*，并利用式 (2-4) 对归一化射频击穿概率的下降趋势进行指数函数拟合，结果如图 5.11 所示。实验中得到的微波脉冲变化常数为 2.19×10^7，该数值小于第 2 章中介绍的行波多腔加速结构的结果，说明驻波单腔加速结构的老练速度要比行波多腔加速结构快。

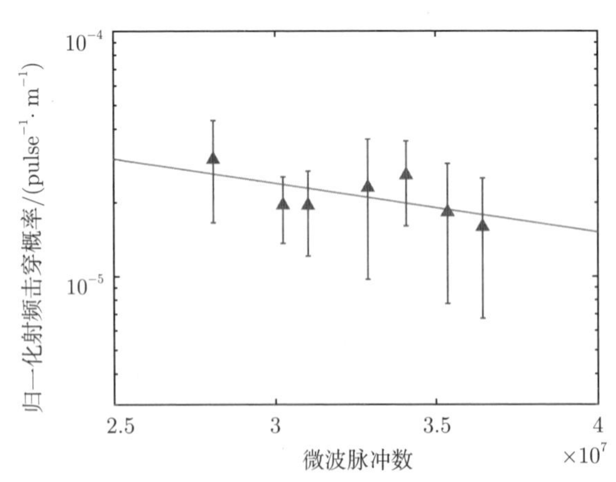

图 5.11 THU-CHK-D1.89-G2.1 归一化射频击穿概率随累计微波脉冲数的变化情况

基于 2.4.2 节中的发现，在稳定运行的情况下，加速结构在任意时刻任意状态下的射频击穿概率 BDR 与加速梯度 E_{acc}、脉冲宽度 τ 和累计脉冲数 n 具有如下关系：

$$\text{BDR} = \alpha E_{\text{acc}}^{\beta} \tau^{\gamma} \exp\left(-\frac{n}{N_{\text{e}}}\right) \tag{5-1}$$

其中，α、β、γ、N_{e} 是待拟合的参数。利用 THU-CHK-D1.89-G2.1 的实验数据进行拟合，β、γ 和 N_{e} 结果如表 5.2 所示，该结果与式 (2-2) 中指出的关系基本一致，且得到的微波脉冲变化常数与图 5.11 的拟合结果在同一数量级。γ 小于经验公式中给出的脉冲宽度 5 次方，这可能是由驻波单腔结构实验中采用的阶梯形输入脉冲的等效脉宽较小所导致。

表 5.2　拟合系数结果

β	γ	N_{e}
30.9	4.0	2.49×10^7

5.4　高梯度性能研究

实验运行的最终阶段，对 Choke-mode 单腔加速结构进行了射频击穿概率测量，结果如表 5.3 所示。

表 5.3　单腔加速结构的射频击穿概率测量

结构名称	E_{acc}/(MV/m)	微波脉冲数量	射频击穿数量	平顶脉冲宽度/ns
THU-CHK-D1.26-G1.68	77.3	8.93×10^5	2	200
THU-CHK-D1.26-G2.1	67.1	4.19×10^6	16	200
THU-CHK-D1.89-G2.1	105	6.14×10^5	3	250
THU-CHK-D2.21-G2.1	121	2.17×10^6	15	250
THU-CHK-D1.88-G2.5	92.2	2.01×10^7	11	200

利用射频击穿概率测量 run 中的数据和式 (2-5)，可以计算出每个加速结构的最终归一化加速梯度 G。该归一化加速梯度可以反映加速结构在

稳定运行期间的高梯度性能，总结出的高梯度性能如表 5.4 所示。

由不同 Choke-mode 加速结构的最终归一化加速梯度信息可知，choke 场比和 choke 中 d_{23} 的尺寸影响了加速结构所能达到的最终加速梯度，参数之间的关系如图 5.12 所示。

表 5.4 单腔加速结构的高梯度性能汇总

结构名称	G/(MV/m)
THU-CHK-D1.26-G1.68	250
THU-CHK-D1.26-G2.1	213
THU-CHK-D1.89-G2.1	343
THU-CHK-D2.21-G2.1	391
THU-CHK-D1.88-G2.5	312

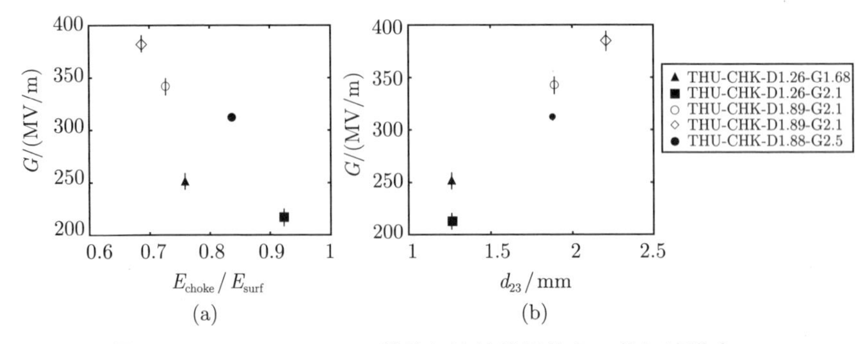

图 5.12 Choke-mode 单腔加速结构最终归一化加速梯度 G 与 choke 场比 (a) 和 choke 尺寸 (b) 的关系

由图 5.12 可知，choke 场比和 d_{23} 尺寸均不能很好地描述最终 Choke-mode 加速结构的高梯度性能，定义参数

$$\mathrm{CHK} = \left(\frac{E_{\mathrm{choke}}}{E_{\mathrm{surf}}}\right)^{\alpha} d_{23}^{\beta}\gamma \tag{5-2}$$

其中，α、β 和 γ 是由高梯度实验拟合出的参数。利用 CHK 对最终归一化加速梯度 G 进行拟合，得到 $\alpha = -0.707$，$\beta = 0.711$，γ=173。Choke-mode 单腔加速结构 CHK 的值与 G 的关系如图 5.13 所示。

通过拟合实验结果，得到 Choke-mode 单腔加速结构最终归一化加速梯度 G 与 choke 场比和 d_{23} 尺寸的经验公式：

$$G = 173 \times \left(\frac{E_{\mathrm{choke}}}{E_{\mathrm{surf}}}\right)^{-0.707} d_{23}^{0.711} \tag{5-3}$$

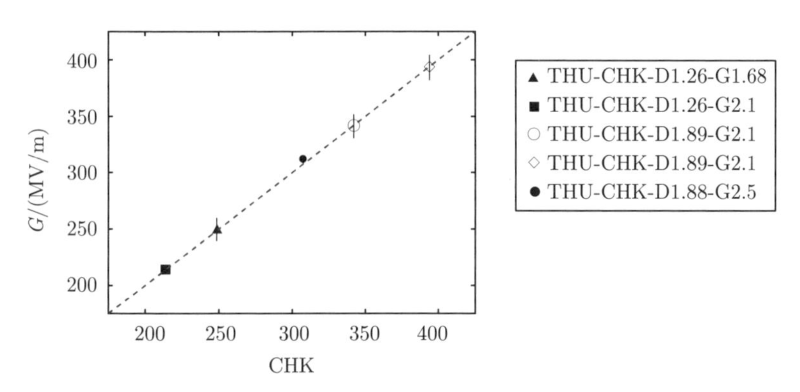

图 5.13　Choke-mode 单腔加速结构最终归一化加速梯度 G 与 CHK 的关系

图中虚线是 G=CHK 的拟合曲线

式 (5-3) 表示 CHK 可以作为设计 choke 时评估其高梯度性能的参数。

5.5　小　结

本章对 Choke-mode 单腔加速结构开展了高梯度性能研究，比对腔 THU-REF 达到了 145 MV/m 的加速梯度，验证了清华大学加速器实验室的高梯度研制技术。基于 CDS-C 的两节型 Choke-mode 加速结构达到了 85 MV/m 的加速梯度，通过降低 choke 区域的电场和扩大 choke 区域的尺寸，成功研制出了可稳定工作在更高梯度的 Choke-mode 加速结构，高梯度实验研究的结果表明高梯度 Choke-mode 加速结构的最大加速梯度可达 130 MV/m。射频击穿概率的研究表明高梯度 Choke-mode 加速结构同样具有 10^7 量级的微波脉冲变化常数。射频击穿概率与电场存在 31 次方关系，与脉冲宽度有 4 次方关系。

基于已有的 Choke-mode 单腔加速结构的实验结果，本研究总结出了一个新的参量来描述 Choke-mode 加速结构的高梯度性能，该参数可用于指导 choke 的设计，来降低射频击穿概率，提升高梯度性能。

第6章 总结与展望

本书工作围绕着提升 Choke-mode 加速结构的高梯度性能而展开，对 Choke-mode 加速结构的设计和高梯度性能进行了深入研究，取得了如下成果。

（1）开展了测试高梯度加速结构实验方法的研究

本书对行波多腔加速结构进行了高梯度实验研究，稳定运行的最大加速梯度达到了 110 MV/m，为国内加速结构在同等射频击穿概率和脉冲宽度下所达到的最高加速梯度水平，验证了清华大学的高梯度研制技术。本书利用加速梯度、射频击穿概率和脉冲宽度的经验公式，对高梯度实验进行归一化处理，发现了微波老练过程存在微波脉冲常数。与其他高梯度加速结构实验的比较研究表明老练过程与微波脉冲数的相关程度大于与射频击穿数的相关程度。实验中观察到普通脉冲射频击穿事件和连续脉冲射频击穿事件，它们具有不同的射频击穿时间分布，普通脉冲射频击穿事件在脉冲内均匀分布，表明射频击穿具有脉冲宽度记忆效应，单一微波脉冲内的射频击穿概率不具有经验公式中脉宽 5 次方的关系。连续脉冲射频击穿事件在脉冲中递减的分布表明连续脉冲射频击穿事件具有更高的场致发射因子，导致在脉冲开始时被触发。本书中介绍和使用的分析方法具有普适性，可以应用在任意加速结构的高梯度实验研究中，并可在不同加速结构中进行横向比较。

（2）对 Choke-mode 加速结构中的射频击穿现象进行了研究

本书设计并研制了 Choke-mode 驻波单腔加速结构，开展了高梯度实验研究。研究发现过高的电场将引起 choke 内严重的射频击穿现象。实验中观察到无场致发射电流激增的射频击穿事件为 choke 内的射频击穿，而伴有场致发射电流激增的射频击穿事件为圆柱腔内的射频击穿，利用法拉第筒的信号可对射频击穿发射的位置进行判断。驻波单腔加速结构射频击穿时间的研究表明射频击穿具有脉冲宽度和电场记忆效应，单一微波脉冲内的射频击穿概率不符合经验公式中脉宽 5 次方和电场 30 次方的关系，加深了对射频击穿的理解。

（3）研制了高梯度 Choke-mode 加速结构并开展实验研究

通过降低 choke 区域的电场和扩大 choke 区域的尺寸，本书设计并研制出高梯度的 Choke-mode 驻波单腔加速结构，高梯度实验研究的结果表明高梯度 Choke-mode 加速结构的最大加速梯度可达 130 MV/m。高梯度实验和表面形态研究的结果表明 choke 内的射频击穿已不是制约加速结构性能进一步提升的唯一因素，盘荷孔径区域和 choke 内的射频击穿共同限制了加速结构梯度的提升。利用不同尺寸 Choke-mode 驻波单腔加速结构的比较研究，总结出评估 Choke-mode 加速结构高梯度工作性能的经验公式，该结果可用来指导 choke 的设计，为将来研制高梯度 Choke-mode 行波加速结构打下设计和实验基础。

基于已有的研究成果和本书的不足之处，今后的研究可能包括以下内容：

（1）设计并制作含有吸收材料（SiC）的 Choke-mode 单腔加速结构，开展相关实验，研究其在高梯度下的性能。

（2）基于已有的 Choke-mode 单腔加速结构的实验结果，设计并制作 Choke-mode 行波加速腔链，验证其在高梯度下的性能。

参 考 文 献

[1] Balakin V, Skrinsky A. VLEPP-status report[C]. The 13th International Conference on High Energy Accelerators, HEACC-1986, Novosibirsk, Soviet Union, 1986: 101–108.

[2] Wang J, Higo T. Accelerator structure development for NLC/GLC[J]. International Committee for Future Accelerators (ICFA): Beam Dynamics Newsletter, 2003, 32: 27–46.

[3] Abe K, Abe T. GLC project report[R]. Technical report, KEK-Report-2003-7, 2003.

[4] Phinney N. The next linear collider design: NLC 2001[R]. Technical report, SLAC Report, No. 571, 2001.

[5] Schultz D, Adolphsen C, Burke D L, et al. Status of a linac RF unit demonstration for the NLC/GLC X-band linear collider[C]. The 9th European Particle Accelerator Conference, EPAC-2004, Lucerne, Switzerland, 2004: 42–44.

[6] Adolphsen C. Advances in normal conducting accelerator technology from the X-band linear collider program[C]. The 2005 Particle Accelerator Conference, PAC-2005, Knoxville, Tennessee, USA, 2005: 204–208.

[7] Döbert S, Adolphsen C, Bowden G, et al. High gradient performance of NLC/GLC X-band accelerating structures[C]. The 2005 Particle Accelerator Conference, PAC-2005, Knoxville, Tennessee, USA, 2005: 372–374.

[8] Brinkman R, Schneider J, Trines D, et al. The TESLA Technical Design Report[R]. Technical report, DESY-Report-2001-33, Hamburg, 2001.

[9] Jones R M. Wakefield suppression in high gradient linacs for lepton linear colliders[J]. Physical Review Special Topics-Accelerators and Beams, 2009, 12: 104801.

[10] ICFA. International technology recommendation panel (ITRP)[R]. Menlo Park, 2004. http://icfa.fnal.gov/wp-content/uploads/ITRP_Report_Final.pdf.

[11] Braun H. Towards a multi Tev linear collider: Drive beam generation with CTF3[C]. The 4th Asian Particle Accelerator Conference, APAC-2007, Indore, India, 2007: 847–851.

[12] Aicheler M, Burrows P, Draper M, et al. CLIC conceptual design report[R]. CERN-Report-2012-007, Geneva, 2012.

[13] CLIC, CLICdp collaborations. Updated baseline for a staged compact linear collider[R]. CERN-Report-2016-004, Geneva, 2016.

[14] Delahaye J. Towards CLIC feasibility[C]. The 1st International Particle Accelerator Conference, IPAC-2010, Kyoto, Japan, 2010: 4769–4773.

[15] Higo T. Progress of X-band accelerating structures[C]. The 25th International Linear Accelerator Conference, LINAC-2010, Tsukuba, Japan, 2010: 1038–1042.

[16] Adolphsen C, Huang Z, Bane K, et al. A compact X-band linac for an X-ray FEL[C]. The 25th International Linear Accelerator Conference, LINAC-2010, Tsukuba, Japan, 2010: 428–430.

[17] D'Auria G, Di-Mitri S, Serpico C, et al. X-band technology for FEL sources[C]. The 27th International Linear Accelerator Conference, LINAC-2014, Geneva, Switzerland, 2014: 101–104.

[18] Boland M, Wootton K, Grudiev A, et al. Plans for an Australian XFEL using a CLIC X-band linac[C]. The 5th International Particle Accelerator Conference, IPAC-2014, Dresden, Germany, 2014: 3424–3426.

[19] Aksoy A, Yava, Schulte D, et al. Conceptual design of an X-FEL facility using CLIC X-band accelerating structure[C]. The 5th International Particle Accelerator Conference, IPAC-2014, Dresden, Germany, 2014: 2914–2917.

[20] Fang W C, Gu Q, Zhang M, et al. R & D of X-band accelerating structure for compact XFEL at SINAP[C]. The 27th International Linear Accelerator Conference, LINAC-2014, Geneva, Switzerland, 2014: 715–718.

[21] Boland M, Tan Y, Zhu D. Layout options for the AXXS injector and XFEL[C]. The 6th International Particle Accelerator Conference, IPAC-2015, Richmond, VA, USA, 2015: 1394–1396.

[22] Wuensch W. High-gradient RF development and applications[C]. The 28th International Linear Accelerator Conference, LINAC-2016, East Lansing, MI, USA, 2016: 368–373.

[23] Pfingstner J, Adli E, Aksoy A, et al. The X-band FEL collaboration[C]. The 37th International Free Electron Laser Conference, FEL-2015, Daejeon, Korea, 2015: 368–374.

[24] Shi J. Compact Thompson X-ray source at Tsinghua University[C]. The 10th International Workshop on Breakdown Science and High Gradient Technology, HG2017, Valencia, Spain, 2017.

[25] D'Auria G. Compact light proposal[C]. The 10th International Workshop on Breakdown Science and High Gradient Technology, HG2017, Valencia, Spain, 2017.

[26] Quyet N, Uesaka M, Iijima H, et al. Compact X-band (11.424 GHz) linac for cancer therapy[C]. The 9th European Particle Accelerator Conference, EPAC-2004, Lucerne, Switzerland, 2004: 2670–2672.

[27] Dobashi K, Fukasawa A, Uesaka M, et al. Design of compact monochromatic tunable hard X-ray source based on X-band linac[J]. Japanese Journal of Applied Physics, 2005, 44(4A): 1999.

[28] Degiovanni A, Amaldi U, Bonomi R, et al. TERA high gradient test program of RF cavities for medical linear accelerators[J]. Nuclear Instruments and Methods in Physics Research Section A, 2011, 657(1): 55–58.

[29] Lee S, Shin S, Lee J, et al. X-band linac for a 6 MeV dual-head radiation therapy gantry[J]. Nuclear Instruments and Methods in Physics Research Section A, 2017, 852:40–45.

[30] Benedetti S, Grudiev A, Latina A. High gradient linac for proton therapy[J]. Physical Review Accelerators and Beams, 2017, 20(4): 040101.

[31] Higo T, Taniuchi T, Yamamoto M, et al. High gradient performance of X-band accelerating sections for linear colliders[J]. Particle Accelerators, 1994, 48: 43–59.

[32] Wang J, Lewandowski J, Pelt J, et al. Fabrication technologies of the high gradient accelerator structures at 100 MV/m range[C]. The 1st International Particle Accelerator Conference, IPAC-2010, Kyoto, Japan, 2010: 3819–3821.

[33] Higo T, Higashi Y, Matsumoto S, et al. Advances in X-band TW accelerator structures operating in the 100 MV/m regime[C]. The 1st International Particle Accelerator Conference, IPAC-2010, Kyoto, Japan, 2010: 3702–3704.

[34] Higo T, Higashi Y, Kawamata H, et al. Fabrication of a quadrant-type accelerator structure for CLIC[C]. The 11th European Particle Accelerator Conference, EPAC-2008, Genoa, Italy, 2008: 2716–2718.

[35] Huopana J, Atieh S, Riddone G, et al. Studies on high-precision machining and assembly of CLIC RF structures[C]. The 25th International Linear Accelerator Conference, LINAC-2010, Tsukuba, Japan, 2010: 301–303.

[36] Abe T, Ajima Y, Arakida Y, et al. Fabrication of quadrant-type X-band single-cell structure used for high gradient tests[C]. The 11th Annual Meeting of Particle Accelerator Society of Japan, PASJ-2014, Aomori, Japan, 2014: 1066–1072.

[37] Zha H, Grudiev A, Dolgashev V A. RF design of the CLIC structure prototype optimized for manufacturing from two halves[C]. The 6th International Particle Accelerator Conference, IPAC-2015, Richmond, VA, USA, 2015: 2147–2149.

[38] Wuensch W, Catanlan-Lasheras N, Grudiev A, et al. Fabrication and high-gradient testing of an accelerating structure made from milled halves[C]. The 28th International Linear Accelerator Conference, LINAC-2016, East Lansing, MI, USA, 2016: 533–535.

[39] Zha H, Grudiev A. Design of the Compact Linear Collider main linac accelerating structure made from two halves[J]. Physical Review Accelerators and Beams, 2016, 20(4): 042001.

[40] Abe T, Takatomi T, Higo T, et al. High-gradient test results on a quadrant-type X-band single-cell structure[C]. The 14th Annual Meeting of Particle Accelerator Society of Japan, PASJ-2017, Hokkaido, Japan, 2017: 348–352.

[41] Forno M, Dolgashev V A, Bowden G, et al. RF breakdown tests of mm-wave metallic accelerating structures[J]. Physical Review Accelerators and Beams, 2016, 19(1): 011301.

[42] Forno M, Dolgashev V A, Bowden G, et al. Experimental measurements of RF breakdowns and deflecting gradients in mm-wave metallic accelerating structures[J]. Physical Review Accelerators and Beams, 2016, 19(5): 051302.

[43] Wang D, Antipov S, Jing C, et al. Interaction of an ultrarelativistic electron bunch train with a W-band accelerating structure: High power and high gradient[J]. Physical Review Letters, 2016, 116(5): 054801.

[44] Forno M, Dolgashev V A, Bowden G, et al. RF breakdown measurements in electron beam driven 200 GHz copper and copper-silver accelerating structures[J]. Physical Review Accelerators and Beams, 2016, 19(11): 111301.

[45] Dehler M, Raguin J, Citterio A, et al. X-band RF structure with integrated alignment monitors[J]. Physical Review Accelerators and Beams, 2009, 12(6): 062001.

[46] PCMAN. PACMAN Project[Z]. Geneva, CERN. http://pacman.web.cern.ch/.

[47] Catalan-Lasheras N, Mainaud-Durand H, Modena M. Measuring and aligning accelerator components to the nanometre scale[C]. The 5th International Particle Accelerator Conference, IPAC-2014, Dresden, Germany, 2014: 4049–4051.

[48] Galindo-Munoz N, Catalan-Lasheras N, Zorzetti S, et al. Electromagnetic field pre-alignment of the Compact Linear Collider (CLIC) accelerating structure with help of wakefield monitor signals[C]. The 4th International Beam Instrumentation Conference, IBIC-2015, Melbourne, Australia, 2015: 4049–4051.

[49] Galindo-Munoz N, Catalan-Lasheras N, Grudiev A, et al. Pre-alignment of accelerating structures for compact acceleration and high gradient using in-situ radiofrequency methods[C]. The 7th International Particle Accelerator Conference, IPAC-2016, Busan, Korea, 2016: 2696–2699.

[50] Galindo-Munoz N, Catalan-Lasheras N, Faus-Golfe A, et al. Pre-alignment techniques developments and measurement results of the electromagnetic center of warm high-gradient accelerating structures[C]. The 8th International Particle Accelerator Conference, IPAC-2017, Copenhagen, Denmark, 2017: 1868–1871.

[51] Mainaud-Durand H, Artoos K, Buzio M, et al. Main achievements of the PACMAN project for the alignment at micrometric scale of accelerator components[C]. The 8th International Particle Accelerator Conference, IPAC-2017, Copenhagen, Denmark, 2017: 1872–1875.

[52] Higo T, Abe T, Arakida Y, et al. Comparison of high gradient performance in varying cavity geometries[C]. The 4th International Particle Accelerator Conference, IPAC-2013, Shanghai, China, 2013: 2741–2743.

[53] Wu X W, Shi J R, Chen H B, et al. High-gradient breakdown studies of an X-band Compact Linear Collider prototype structure[J]. Physical Review Accelerators and Beams, 2017, 20(5): 052001.

[54] 邵佳航. 高梯度加速结构中射频击穿现象的研究 [D]. 北京: 清华大学, 2016.

[55] Wang J, Loew G. Field emission and RF breakdown in high-gradient room-temperature linac structures[R]. SLAC, SLAC Report, No. 7684, Menlo Park, 1997.

[56] Palaia A, Jacewicz M, Ruber R, et al. Effects of RF breakdown on the beam in the Compact Linear Collider prototype accelerator structure[J]. Physical Review Special Topics-Accelerators and Beams, 2013, 16(12): 081004.

[57] Giner-Navarro J. Breakdown studies for high gradient RF warm technology in: CLIC and hadron therapy linacs[D]. Valencia: University of Valencia, 2016.

[58] Adolphsen C, Baumgartner W, Jobe K, et al. Processing studies of X-band accelerator structures at the NLCTA[C]. The 2001 Particle Accelerator Conference, PAC-2001, Chicago, Illinois, USA, 2001: 478–480.

[59] Wuensch W. High-gradient breakdown in normal-conducting RF cavities[C]. The 5th European Particle Accelerator Conference, EPAC-2002, Paris, France, 2002: 134–138.

[60] Degiovanni A, Wuensch W, Giner-Navarro J. Comparison of the conditioning of high gradient accelerating structures[J]. Physical Review Accelerators and Beams, 2016, 19(3): 032001.

[61] Grudiev A, Wuensch W. Design of an X-band accelerating structure for the CLIC main linac[C]. The 24th International Linear Accelerator Conference, LINAC-2008, Victoria, BC, Canada, 2008: 933–935.

[62] Jones R M, Adolphsen C, Wang J, et al. Wakefield damping in a pair of X-band accelerators for linear colliders[J]. Physical Review Special Topics-Accelerators and Beams, 2006, 9(10): 102001.

[63] Kovermann J, Catalan-Lasheras N, Curt S, et al. Commissioning of the first klystron-based X-band power source at CERN[C]. The 3rd International Particle Accelerator Conference, IPAC-2012, New Orleans, Louisiana, USA, 2012: 3428–3430.

[64] Catalan-Lasheras N, Degiovanni A, Döebert S, et al. Experience operating an X-band high-power test stand at CERN[C]. The 5th International Particle Accelerator Conference, IPAC-2014, Dresden, Germany, 2014: 2288–2290.

[65] Catalan-Lasheras N, Eymin C, McMonagle G, et al. Commissioning of Xbox3: A very high capacity X-band RF test stand[C]. The 28th International Linear Accelerator Conference, LINAC-2016, East Lansing, MI, USA, 2016: 568–571.

[66] Woolley B J, Argyropoulos T, Catalan-Lasheras N, et al. High power X-band generation using multiple klystrons and pulse compression[C]. The 8th International Particle Accelerator Conference, IPAC-2017, Copenhagen, Denmark, 2017: 4311–4313.

[67] Matsumoto S, Akemoto M, Fukuda S, et al. The status of Nextef: the X-band test facility in KEK[C]. The 24th International Linear Accelerator Conference, LINAC-2008, Victoria, BC, Canada, 2008: 906–908.

[68] Abe T, Arakida Y, Higo T, et al. High-gradient testing of single-cell test cavitiess at KEK/Nextef[C]. The 13th Annual Meeting of Particle Accelerator Society of Japan, PASJ-2016, Chiba, Japan, 2016: 348–352.

[69] Kildemo M, Calatroni S, Taborelli M. Breakdown and field emission conditioning of Cu, Mo, and W[J]. Physical Review Special Topics-Accelerators and Beams, 2004, 7(9): 092003.

[70] Ramsvik T, Calatroni S, Reginelli A, et al. Influence of ambient gases on the dc saturated breakdown field of molybdenum, tungsten, and copper during intense breakdown conditioning[J]. Physical Review Special Topics-Accelerators and Beams, 2007, 10(4): 042001.

[71] Descoeudres A, Levinsen Y, Calatroni S, et al. Investigation of the dc vacuum breakdown mechanism[J]. Physical Review Special Topics-Accelerators and Beams, 2009, 12(9): 092001.

[72] Descoeudres A, Ramsvik T, Calatroni S, et al. Dc breakdown conditioning and breakdown rate of metals and metallic alloys under ultrahigh vacuum[J]. Physical Review Special Topics-Accelerators and Beams, 2009, 12(3): 032001.

[73] Shipman N. Experimental study of dc vacuum breakdown and application to high-gradient accelerating structures for CLIC[D]. Manchester: The University of Manchester, 2014.

[74] Profatilova I, Pienimäki N, Stragier X, et al. Recent results from the pulsed dc system[C]. The CLIC Workshop 2017, Geneva, Switzerland, 2017.

[75] Adolphsen C. Normal-conducting RF structure test facilities and results[C]. The 2003 Particle Accelerator Conference, PAC-2003, Oregen, Portland, USA, 2003: 668–672.

[76] Grudiev A, Calatroni S, Wuensch W. New local field quantity describing the high gradient limit of accelerating structures[J]. Physical Review Special Topics-Accelerators and Beams, 2009, 12(10): 102001.

[77] Dolgashev V A. Study of basic RF breakdown phenomena in high gradient vacuum structures[C]. The 25th International Linear Accelerator Conference, LINAC-2010, Tsukuba, Japan, 2010: 1043–1047.

[78] Nordlund K, Djurabekova F. Defect model for the dependence of breakdown rate on external electric fields[J]. Physical Review Special Topics-Accelerators and Beams, 2012, 15(7): 071002.

[79] Pritzkau D P. Results of an RF pulsed heating experiment at SLAC[R]. Technical report, SLAC Report, No. 8554, 2000.

[80] Pritzkau D P. RF pulsed heating[D]. Menlo Park: SLAC, 2001.

[81] Pritzkau D P, Siemann R H. Experimental study of RF pulsed heating on oxygen free electronic copper[J]. Physical Review Special Topics-Accelerators and Beams, 2002, 5(11): 112002.

[82] Pritzkau D P. RF pulsed heating[R]. Technical report, SLAC Report, No. 577, 2001.

[83] Laurent L, Tantawi S G, Dolgashev V A, et al. Experimental study of RF pulsed heating[J]. Physical Review Special Topics-Accelerators and Beams, 2011, 14(4): 041001.

[84] Ginzburg N, Golubev I, Kaminsky A, et al. Experiment on pulse heating and surface degradation of a copper cavity powered by powerful 30 GHz free electron maser[J]. Physical Review Special Topics-Accelerators and Beams, 2011, 14(4): 041002.

[85] Shao J, Antipov S, Baryshev S, et al. Observation of field-emission dependence on stored energy[J]. Physical Review Letters, 2015, 115(26): 264802.

[86] Wilson P. Introduction to wakefields and wake potentials[R]. SLAC, Technical report, SLAC Report, No. 4547, Menlo Park, 1989.

[87] Wilson P. Electron linacs for high energy physics[J]. Reviews of Accelerator Science and Technology, 2008, 1(1): 7–41.

[88] Bane K. Short-range dipole wakefields in accelerating structures for the NLC[R]. SLAC, Technical report, SLAC Report, No. 9663, Menlo Park, 2003.

[89] 查皓. CLIC Choke-mode 加速结构设计与实验研究 [D]. 北京: 清华大学, 2013.

[90] Li Z, Adolphsen C, Burke D L, et al. Optimization of the X-band structure for the JLC/NLC[C]. The 2003 Particle Accelerator Conference, PAC-2003, Portland, OR, USA, 2003.

[91] Yokoya K. Cumulative beam breakup in large scale linacs[R]. DESY, DESY-Report-86-084, Hamburg, 1986.

[92] Khan V, D'Elia A, Jones R M, et al. Wakefield and surface electromagnetic field optimisation of manifold damped accelerating structures for CLIC[J]. Nuclear Instruments and Methods in Physics Research Section A, 2011, 657(1):131–139.

[93] Khan V. A damped and detuned accelerating structure for the main linacs of the Compact Linear Collider[D]. Manchester: The University of Manchester, 2011.

[94] Rajamäki R. Vacuum arc localization in CLIC prototype radio frequency accelerating structures[D]. Otakaari: Aalto University, 2016.

[95] Grudiev A, Wuensch W. A newly designed and optimized CLIC main linac accelerating structure[C]. The 22th International Linear Accelerator Conference, LINAC-2004, Lübeck, Germany, 2004: 779–781.

[96] Grudiev A, Wuensch W. Design of the CLIC main linac accelerating structure for CLIC conceptual design report[C]. The 25th International Linear Accelerator Conference, LINAC-2010, Tsukuba, Japan, 2010: 211–213.

[97] Grudiev A. Summary of accelerating structure RF design directions at CERN[C]. The 4th Annual X-band Structure Collaboration Meeting, CERN, CERN, 2010: 533–535.

[98] Zha H, Latina A, Grudiev A, et al. Beam-based measurements of long-range transverse wakefields in the Compact Linear Collider main-linac accelerating structure[J]. Physical Review Acceleartors and Beams, 2016, 19(1): 011001.

[99] Zha H, Grudiev A. Design and optimization of Compact Linear Collider main linac accelerating structure[J]. Physical Review Acceleartors and Beams, 2016, 19(11): 111003.

[100] Shintake T. The choke mode cavity[J]. Japanese Journal of Applied Physics, 1992, 31(11A): L1567.

[101] Shintake T. Design of high power model of damped linear accelerating structure using choke mode cavity[C]. The 1993 Particle Accelerator Conference, PAC-1993, Washington D.C., USA, 1993: 1048–1050.

[102] Akasaka N, Kageyama T, Yamazaki Y. Higher order mode characteristics of the choke mode cavity for KEK B-Factory (KEKB)[C]. The 4th European Particle Accelerator Conference, EPAC-1994, London, U.K., 1994: 2137–2139.

[103] Shintake T, Matsumoto H, Hayano H. High power test of HOM-free choke-mode damped accelerating structure[C]. The 17th International Linear Accelerator Conference, LINAC-1994, Tsukuba, Japan, 1994: 293–295.

[104] Miura A, Hiraoka T, Suzuki K, et al. Fabrication of HOM-free linear accelerating structure using choke mode cavity for Japan Linear Collider[C]. The 17th International Linear Accelerator Conference, LINAC-1994, Tsukuba, Japan, 1994: 263–265.

[105] Akasaka N, Shintake T, Matsumoto H. C-band choke mode accelerator structure for the linear collider[C]. The 5th European Particle Accelerator Conference, EPAC-1996, Barcelona, Spain, 1996: 489–491.

[106] Matsumoto H, Shintake T, Akasaka N. Fabrication of the C-band (5712 MHz) choke-mode type damped accelerator structure[C]. The 19th International Linear Accelerator Conference, LINAC-1998, Chicago, Illinois, USA, 1998: 261–263.

[107] Akasaka N, Shintake T, Matsumoto H. Optimization on wakefield damping in C-band accelerating structure[C]. The 19th International Linear Accelerator Conference, LINAC-1998, Chicago, Illinois, USA, 1998: 588–590.

[108] Shintake T, Matsumoto H, Akasaka N, et al. The first wakefield test on the C-band choke-mode accelerating structure[C]. The 1999 Particle Accelerator Conference, PAC-1999, New York, USA, 1999: 3411–3413.

[109] Inagaki T. 8-GeV C-band accelerator construction for XFEL/SPring-8[C]. The 24th International Linear Accelerator Conference, LINAC-2008, Victoria, BC, Canada, 2008: 1091–1094.

[110] Shintake T, Tanaka H, Hara T, et al. A compact free-electron laser for generating coherent radiation in the extreme ultraviolet region[J]. Nature Photon, 2008, 2(9): 555-559.

[111] Shintake T. Status report on Japanese XFEL construction project at SPring-8[C]. The 1st International Particle Accelerator Conference, IPAC-2010, Kyoto, Japan, 2010: 1285–1289.

[112] Okihira K, Inoue F, Hashirano T, et al. Mass production report of C-band choke mode accelerating structure and RF pulse compressor[C]. The 2nd International Particle Accelerator Conference, IPAC-2011, San Sebastián, Spain, 2011: 1737–1739.

[113] Tanaka H, Yabashi M, Shintake T, et al. A compact X-ray free-electron laser emitting in the sub-ångström region[J]. Nature Photon, 2012, 6(8): 540-544.

[114] Dolgashev V A, Tantawi S G, Higashi Y, et al. Status of high power tests of normal conducting single-cell structures[C]. The 11th European Particle Accelerator Conference, EPAC-2008, Genoa, Italy, 2008: 742–744.

[115] Pei S, Li Z, Tantawi S G, et al. Damping effect studies for X-band normal conducting high gradient standing wave structures[C]. The 2009 Particle Accelerator Conference, PAC-2009, Vancouver, BC, Canada, 2009: 2237–2239.

[116] Yeremian A D, Dolgashev V A, Tantawi S G. Choke for standing wave structures and flanges[C]. The 1st International Particle Accelerator Conference, IPAC-2010, Kyoto, Japan, 2010: 3822–3824.

[117] Shi J R, Zha H B, Grudiev A, et al. Design of a choke-mode damped accelerating structure for CLIC main linac[C]. The 2nd International Particle Accelerator Conference, IPAC-2011, San Sebastián, Spain, 2011: 113–115.

[118] Zha H, Chen H B, Tang C X, et al. Choke-mode damped structure design for the CLIC main linac[C]. The 3rd International Particle Accelerator Conference, IPAC-2012, New Orleans, Louisiana, USA, 2012: 1840–1842.

[119] Zha H, Shi J R, Chen H B, et al. Choke-mode damped structure design for the Compact Linear Collider main linac[J]. Physical Review Accelerators and Beams, 2012, 15(12): 122003.

[120] Zha H, Shi J R, Chen H B. Optimization on RF parameters of a choke-mode structure for the CLIC main linac[C]. The 4th International Particle Accelerator Conference, IPAC-2013, Shanghai, China, 2013: 1628–1630.

[121] Wu X W, Zha H, Shi J R, et al. New calibration method for radial line experiment[C]. The 4th International Particle Accelerator Conference, IPAC-2013, Shanghai, China, 2013: 2774–2776.

[122] Zha H, Shi J R, Wu X W, et al. Higher-order mode absorption measurement of X-band choke-mode cavities in a radial line structure[J]. Nuclear Instruments and Methods in Physics Research Section A, 2016, 814: 90–95.

[123] Zha H, Jing C G, Qiu J Q, et al. Beam-induced wakefield observation in X-band choke-mode cavities[J]. Physical Review Special Topics-Accelerators and Beams, 2016, 19(8): 081001.

[124] Shao J H, Shi J R, Antipov S, et al. In situ observation of dark current emission in a high gradient RF photocathode gun[J]. Physical Review Letters, 2016, 117(8): 084801.

[125] Shao J H, Chen H B, Du Y C, et al. Observation of temporal evolution following laser triggered RF breakdown in vacuum[J]. Physical Review Special Topics-Accelerators and Beams, 2014, 17(7): 072002.

[126] Wu X W, Shi J R, Chen H B, et al. High power test of X-band single cell HOM-free choke-mode damped accelerating structure made by Tsinghua University[C]. The 7th International Particle Accelerator Conference, IPAC-2016, Busan, Korea, 2016: 3881–3883.

[127] Wu X W, Shi J R, Chen H B, et al. Design, fabrication and high-gradient tests of X-band choke-mode structures[C]. The Linear Collider Workshop 2016, LCWS-2016, Morioka, Iwate, Japan, 2016.

[128] Wu X W, Zha H, Shi J R, et al. High-gradient breakdown studies of X-band choke-mode structures[C]. The 8th International Particle Accelerator Conference, IPAC-2017, Copenhagen, Denmark, 2017: 1322–1325.

[129] Vdl company[Z]. Eindhoven, VDL. http://www.vdletg.com/.

[130] Shi J R. Recent X-band activities at Tsinghua University[C]. The CLIC Workshop 2015, Geneva, Switzerland, 2015.

[131] Matsumoto S, Abe T, Higashi Y, et al. High gradient test at Nextef and high-power long-term operation of devices[J]. Nuclear Instruments and Methods in Physics Research Section A, 2011, 657(1): 160–167.

[132] Wu X W, Shi J R, Chen H B, et al. High gradient properties of a CLIC prototype accelerating structure made by Tsinghua University[C]. The 7th International Particle Accelerator Conference, IPAC-2016, Busan, Korea, 2016: 3874–3877.

[133] Matsumoto S, Akemoto M, Fukuda S, et al. NEXTEF: 100MW X-band test facility in KEK[C]. The 11th European Particle Accelerator Conference, EPAC-2008, Genoa, Italy, 2008: 2740–2742.

[134] Fukuda S, Akemoto M, Hayano H. R & D plan for RF power source of KEK GLCTA[C]. The 1st Annual Meeting of Particle Accelerator Society of Japan, PASJ-2004, Funabashi, Japan, 2004: 75–77.

[135] Wuensch W, Degiovanni A, Calatroni S, et al. Statistics of vacuum breakdown in the high-gradient and low-rate regime[J]. 2017, 20(1): 011007.

[136] Woolley B J. High power X-band RF test stand development and high power testing of the CLIC crab cavity[D]. Lancashire: Lancaster University, 2015.

[137] Higo T. Recent high-gradient test result at KEK[C]. The 2012 Linear Collider Workshop, LCWS2012, Arlington, VA, USA, 2012.

[138] Timko H, Matyash K, Schneider R, et al. A one-dimensional particle-in-cell model of plasma build-up in vacuum arcs[J]. Contributions to Plasma Physics, 2011, 51(1): 5-21.

[139] Dolgashev V A, Tantawi S G, Nantisa C D, et al. RF breakdown in normal conducting single-cell structures[C]. The 2005 Particle Accelerator Conference, PAC-2005, Knoxville, Tennessee, USA, 2005: 595–599.

[140] Dolgashev V A, Tantawi S G, Nantisa C D, et al. High power tests of normal conducting single-cell structures[C]. The 2007 Particle Accelerator Conference, PAC-2007, Albuquerque, NM, USA, 2007: 2430–2432.

[141] Dolgashev V A, Tantawi S G, Nantisa C D, et al. Travelling wave and standing wave single cell high gradient tests[R]. Technical report, SLAC Report, No. 10667, Menlo Park, 2004.

[142] Dolgashev V A, Tantawi S G, Yeremian A D, et al. Status of high power tests of normal conducting single-cell standing wave structures[C]. The 1st International Particle Accelerator Conference, IPAC-2010, Kyoto, Japan, 2010: 3810–3812.

[143] Dolgashev V A, Tantawi S G, Higashi Y, et al. Geometric dependence of radio-frequency breakdown in normal conducting accelerating structures[J]. Physical Review Letters, 2010, 97(17): 171501.

[144] Wu X W, Shi J R, Chen H B, et al. New quantity describing the pulse shape dependence of the high gradient limit in single cell standing-wave accelerating structures[C]. The 7th International Particle Accelerator Conference, IPAC-2016, Busan, Korea, 2016: 3878–3880.

[145] 物理学辞典編集委員会. 物理学辞典 [M]. 東京: 培風館, 1984.

[146] 林郁正. 低能电子直线加速器原理 [M]. 北京: 清华大学出版社, 1999.

[147] Abe T, Kageyama T, Akai K, et al. Multipactoring zone map of an RF input coupler and its application to high beam current storage rings[J]. Physical Review Special Topics-Accelerators and Beams, 2006, 9(6): 062002.

[148] Nishiwaki M. Studies on electron stimulated gas desorption and secondary electron emission from materials for vacuum use with in-situ surface analyses[D]. Tsukuba: The Graduate University for Advanced Studies, 2006.

[149] Abe T, Arakida Y, Higo T, et al. Basic study on high-gradient accelerating structures at KEK/NEXTEF[C]. The 12th Annual Meeting of Particle Accelerator Society of Japan, PASJ-2015, Tsuruga, Japan, 2015: 607–612.

[150] 张克潜. 微波与光电子学中的电磁理论 [M]. 2 版. 北京: 电子工业出版社, 2001.

附录 A　Choke-mode 单腔加速结构详细尺寸

Choke-mode 单腔加速结构的详细尺寸标注如图 A.1 所示，表 A.1 给出了图 3.1 中未标示的尺寸设计。

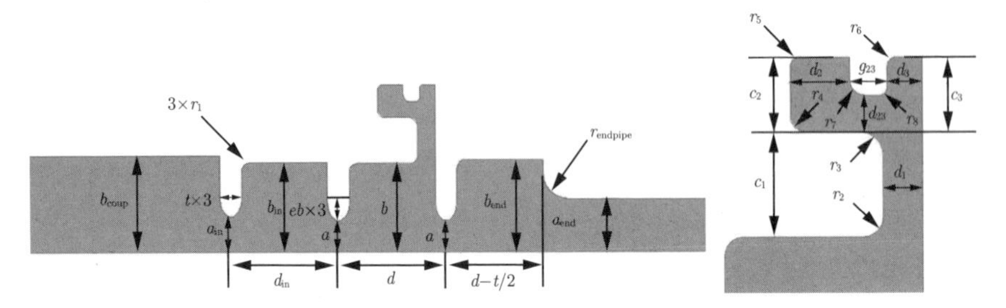

图 A.1　Choke-mode 单腔加速结构的尺寸标注

表 A.1　Choke-mode 单腔加速结构设计的详细尺寸表

尺寸名称	尺寸/mm	尺寸名称	尺寸/mm
a	3.750	r_1	1.000
a_{in}	4.240	r_2	1.050
a_{end}	6.350	r_3	1.260
b	10.535	r_4	0.840
d	13.116	r_5	0.525
d_{in}	13.116	r_6	0.525
d_3	1.890	r_7	0.840
b_{coup}	11.430	r_8	0.420
t	2.600	r_{endpipe}	3.000
e_b	2.200		

附录B　比对单腔加速结构详细尺寸

比对单腔加速结构的详细尺寸标注如图 B.1 所示，表 B.1 给出了比对单腔加速结构的尺寸设计。

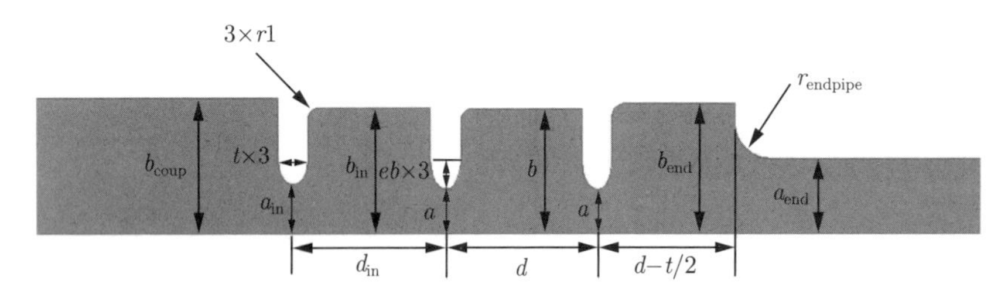

图 B.1　比对单腔加速结构的尺寸标注

表 B.1　比对单腔加速结构设计的详细尺寸表

尺寸名称	尺寸/mm
a	3.750
a_{in}	4.140
a_{end}	6.350
b	10.535
b_{in}	10.618
b_{end}	10.921
b_{coup}	11.43
d	13.116
d_{in}	13.116
t	2.600
eb	2.200
r_1	1.000
$r_{endpipe}$	3.000

在学期间发表的学术论文与研究成果

发表的学术论文

[1] **Wu X W**, Shi J R, Chen H B, et al. High-gradient breakdown studies of an X-band Compact Linear Collider prototype structure[J]. Physical Review Accelerators and Beams, 2017, 20(5):052001. (SCI 收录, 检索号: WOS: 000401241200001.)

[2] **Wu X W**, Shi J R, Chen H B, et al. New calibration method for radial line experiment[C]. Proceedings of IPAC2013, Shanghai, China, 2013: 2774-2776. (EI 收录, 检索号: 201352117131460.)

[3] **Wu X W**, Catalan N, Woolley B, et al. Calorimetric power measurements in X-band high power RF[C]. Proceedings of IPAC2015, Richmond, USA, 2015: 2967-2969. (EI 收录, 检索号: 20164603009092.)

[4] **Wu X W**, Shi J R, Chen H B, et al. High gradient properties of a CLIC prototype accelerating structure made by Tsinghua University[C]. Proceedings of IPAC2016, Busan, Korea, 2016: 3875-3877. (EI 收录, 检索号: 20171203464492.)

[5] **Wu X W**, Shi J R, Zha H B, et al. High power test of X-band single cell hom-free choke-mode damped accelerating structure made by Tsinghua University[C]. Proceedings of IPAC2016, Busan, Korea, 2016: 3881-3883. (EI 收录, 检索号: 20171203464494.)

[6] **Wu X W**, Shi J R, Chen H B, et al. New quantity describing the pulse shape dependence of the high gradient limit in single cell standing-wave accelerating structures[C]. Proceedings of IPAC2016, Busan, Korea, 2016: 3878-3880. (EI 收录, 检索号: 20171203464493.)

[7] **Wu X W**, Shi J R, Chen H B, et al. Design, fabrication and high-gradient tests of X-band choke-mode structures[C]. Proceedings of the International Workshop on Future Linear Colliders, LCWS2016, Morioka, Japan, 2016.

[8] **Wu X W**, Shi J R, Zha H, et al. High-gradient breakdown studies of X-band choke-mode structures[C]. Proceedings of IPAC2017, Copenhagen, Denmark, 2017: 1322-1325.

[9] Zha H, Shi J R, **Wu X W**, Chen H B. Higher-order mode absorption measurement of X-band choke-mode cavities in a radial line structure[J]. Nuclear Instruments and Methods in Physics Research Section A, 2016, 814: 90-95. (SCI 收录, 检索号: WOS:000369692000012.)

[10] Zheng L, Du Y, Zhang Z, et al. Development of S-band photocathode RF guns at Tsinghua University[J]. Nucl. Instrum. Methods Phys. Res., Sect. A., 2016, 834: 98-107. (SCI 收录, 检索号: WOS:000383944700010.)

[11] Shi J, **Wu X W**, Jing C, et al. Development of an X-band metallic power extractor for the Argonne Wakefield Accelerator[C]. Proceedings of IPAC2013, Shanghai, China, 2013: 2774-2776. (EI 收录, 检索号: 20135217131459.)

致　谢

衷心感谢导师陈怀璧教授对我的精心指导，是导师把我带进了加速器物理的研究领域。导师严谨的学术态度和认真的工作作风深深地影响了我，导师的言传身教将使我终身受益。感谢导师为我提供的非同寻常的学习机会和实验条件。

特别感谢施嘉儒老师对论文工作所给予的大量指导、帮助和建议。感谢施老师对我学业的帮助和支持。感谢施老师在我整个博士期间对我各个方面的关照和帮助，让我能够顺利完成本书。

感谢盖炜教授在高梯度研究方面的指导和帮助。盖教授在加速器领域渊博的学识和广阔的思路让我受益良多。

感谢 KEK 的 Nextef 小组对论文工作的支持和帮助。感谢 Toshiyasu Higo 为我提供访问 KEK 的机会，让论文工作中的实验研究得以顺利开展。作为一名长者，Higo 平易近人的态度和极其严谨的治学精神让我受益匪浅，与 Higo 的交流和讨论让我学到了很多很多。感谢 Tetsuo Abe 提供宝贵的实验机会，Abe 对我的相关工作提出了大量有益的指导。感谢 Shuji Matsumoto 在调制器、速调管等功率源方面的指导和帮助。感谢 KEK 正负电子入射器组在我实验期间所提供的帮助，正因为有了你们的帮助，我的实验能以最高的效率开展和进行。感谢 Career Com 的 Mamoru Karube、Atsuko Kawabata、Hiroko Asai 在高梯度实验运行和数据分析中提供的帮助。感谢 Toshikazu Takatomi 在内表面观察中提供的帮助。感谢 Plus Work 的 Takaaki Matsui 在加速结构真空密封和实验安装中的帮助。感谢 Yoshio Arakida 在冷却水方面提供的便利和协助。感谢在 KEK 交流期间的同事方文程、谭建豪、刘星光、石健、罗涛、Shohei Otsuki、Naoya Munemoto 在课题研究中的帮助和有益讨论。

感谢 Walter Wuensch 资助我访问 CERN。在 CERN 交流学习的一年期间，您对我的热心指导与帮助让我学到了许多。您广阔的视野让我感受到了 X 波段加速技术的魅力。感谢 Nuria Catalan-Lasheras 在课题研究方面提供的帮助。感谢在 CERN 交流期间的同事 Jorge Giner-Navarro、Anders Korsbäck、Alberto Degiovanni、Robin Rajamäki、Benjamin Woolley、Phoevos Kardasopoulos 在高梯度研究方面的有益讨论。

感谢查皓博士在 Choke-mode 加速结构方面的指导和 HFSS 仿真中提供的帮助。感谢邵佳航博士在射频击穿研究中的指导和有益讨论。

感谢 SLAC 的 Valery Dolgashev 在 choke 实验和研究中的讨论与指导。

感谢清华大学加速器实验室童德春、黄文会、杜应超等老师的指导。

感谢高强、王平、张亮、蒋晓鹏、孟祥聪、刘泽宁在微波冷测实验中的帮助。感谢黄珊在我撰写博士学位论文期间给予的帮助与讨论。感谢聂赞、万阳、李光锐、张振、吴益鹏、周征在利用 Latex 撰写论文中提供的帮助和其他有益讨论。感谢李腾麟、傅楗强、汪勇、江灏在研究生五年生活中的帮助。

感谢清华同方威视郭绍英、生伟、肖敬忠、韩运生、王传璟在机械加工和加速结构制备方面的协助和指导。

感谢清华同方威视加速器车间师傅的帮助和配合。

感谢国家自然科学基金（11135004，11375098）对本论文研究工作的资助。

感谢我的父母在我攻读博士学位期间的支持和鼓励，感谢父亲一字一句帮我审核论文，从文法的角度梳理了整篇文章，感谢母亲一直以来的关心和养育之恩。

在论文的最后部分，我想用我最喜欢的话来勉励自己：

有志者、事竟成，破釜沉舟，百二秦关终属楚；
苦心人、天不负，卧薪尝胆，三千越甲可吞吴。

感谢所有帮助过我的人，我会在今后的人生道路中砥砺前行。